はじめに

この問題集は、次の3点を目的に作りました。

- 数字の機械的な計算に陥ることなく、10をひとつの集まりとして数の大きさを感じること
- 間違えやすい計算に取り組むことで、ミスを未然に防ぐこと
- おうちの方と「おうちの人といっしょに」のページをやったあと、子どもだけで「れいだい」「れんしゅう」と続けることによって、自学自習のきっかけをつくること

小学1年生になるまでに、計算練習をすでに大量にこなしてきた子どもがいる一方で、数字の読み書きも心もとない子どもも少なからず存在します。でも、どちらがよいのかは一概には言えません。

たとえば、“8たす5”を、9、10、11、12、13と指折って数える学習を大量にこなしていたとしても、それは今後の学習の役には立たないのです。この場合は、「8は、あと2あれば10になる。5から2を借りてくると3残るから13になる」という“10の補数”を使った数字の処理に慣れることが大切なのです。

新たに数の勉強をする子ども達は、最初から正しい数のとらえ方を身につけることが大切ですし、これまで学習を進めてきた子ども達は、正しい頭の使い方に軌道修正しておくことが大切です。

不思議なことに、子どもには「得意な数」と「不得手な数」が存在します。

たとえば、何かに8をたす計算は完璧にできるのに、何かに7をたす場合は時間がかかり、しかもよく間違えるというようなことがあるのです。しかも、その得手不得手を小学校高学年まで引きずってしまうこともあるのです。

数の扱いの不慣れは、間違いなく算数嫌いのきっかけになります。そして、算数嫌いの子が数学好きになる可能性は限りなく低いのです。

数を習いはじめた今のうちに、「得意な数」ばかりにしてください。

小学校がはじまったこの時期は、親が思っている以上に小学生になったことを意識しています。やる気が高まっている時期に学習の習慣を身につけさせることが大切です。1日10分で十分なのですが、毎日続けることが大切です。

まず、「今から5分だけやろう」と笑顔で学習に誘ってください。そして、「今日の勉強はよくわかったね。エライ、明日は自分でやれそうだね」と子どもに任せる時間も作ってください。

親が勉強に誘う→「エライね」とほめてもらえる→子どもがひとりで勉強する→またほめてもらえる。このくり返しが勉強を続けていける子を作ります。

この問題集の「おうちの人といっしょに」のページは、おうちの方が子どもを学習に誘うためにご利用ください。その後、ひとりで勉強するための「れいだい」と「れんしゅう」のページがついています。同様の問題をくり返すことで、数字を見たときに反射的にとらえることができる頭の回路をつなげていってください。

2016年2月　西村則康

もくじ

1日10分　小学1年生のさんすう練習帳

かず

算数を勉強しはじめた小学１年生にとって、数を知ることが第一歩となります。

数を知るということの具体的な意味は、

①数の順序を知り、正しく使えるようにすること

②数をあらわす“数字”と“音《おと》”と“個数”が一致すること

この２つです。

指で１、２、３、４、５とかぞえるのも、おはじきを１、２、３、４、５とかぞえるのも、おなじ数字であり、おなじ音です。

いろいろなものを、声に出しながらかぞえることをくり返すことで、数を知ることができるようになります。

数がもともと持っているいろいろな情報が、子どもの頭脳に染み込んでいくと言いかえることができます。

この単元は、先を急がず、大きくはっきりと声を出しながらやらせてください。そして、お手本を聞かせるおうちの方も大きな声ではっきりと言ってあげてください。おうちの方の音声が、子どもの頭脳に残される音のイメージの核になります。

あつまりと かず
（かずを かぞえる）

おうちのかたへ

おなじ こすうを せんで むすぶ ときは、まず すう字を かいて おきましょう。はじめは 大きな こえで かぞえてから すう字を かくように して ください。

1 おなじ かずを せんで むすびましょう。

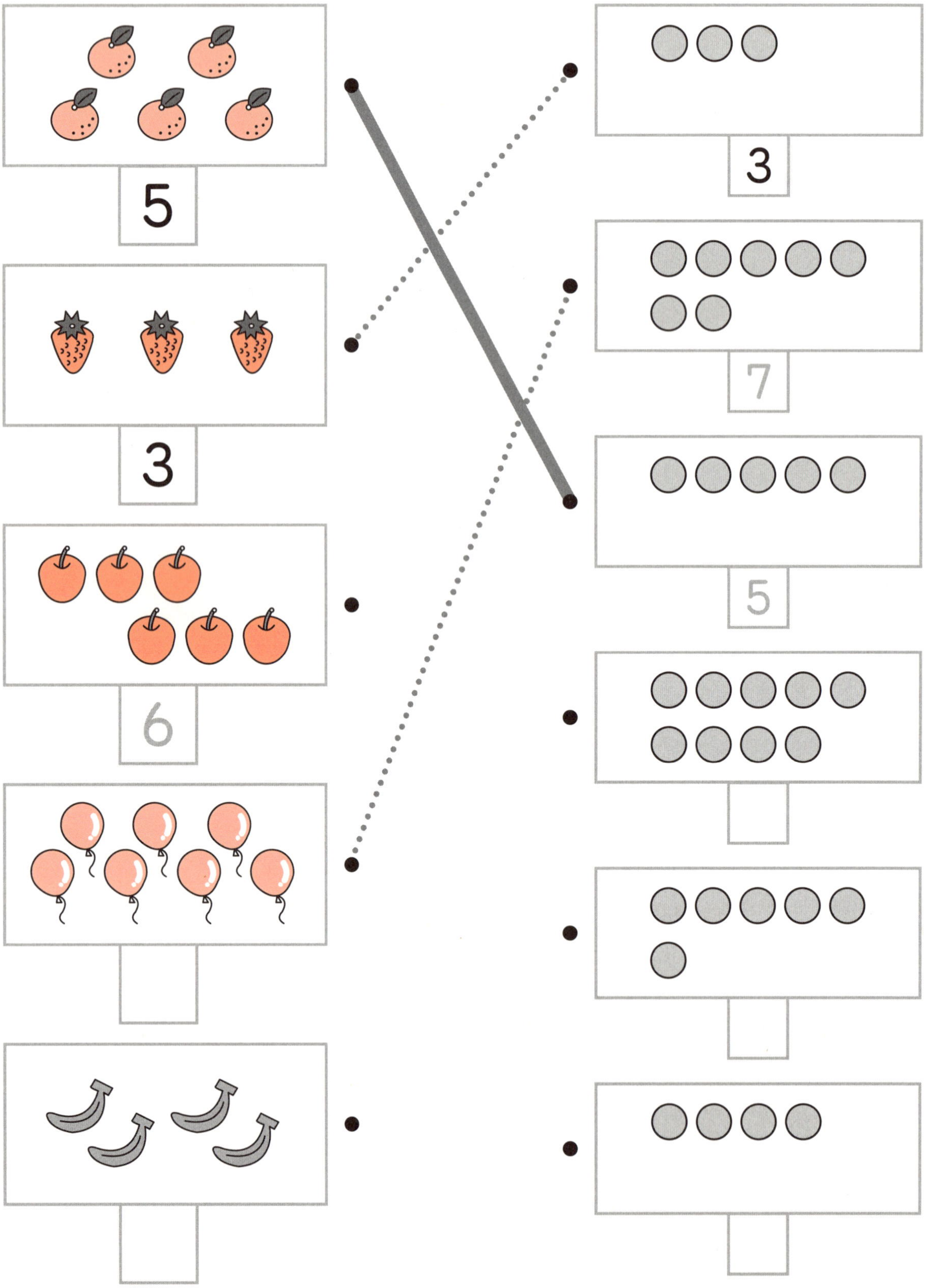

2 えと おなじ かずの ◯を くろく ぬりましょう。

7つの◯を くろく ぬりましょう。

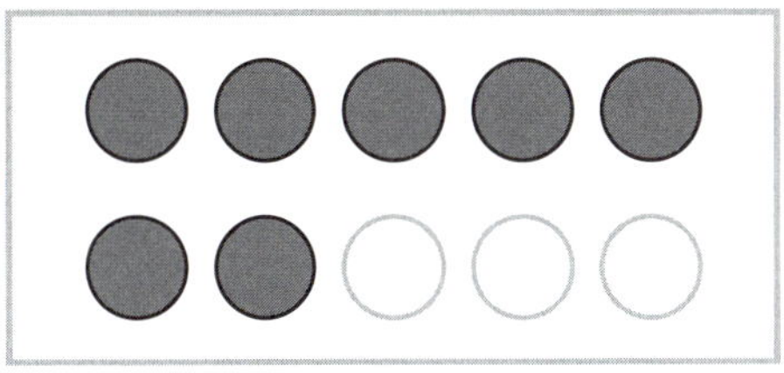

7

5つの◯を くろく ぬりましょう。

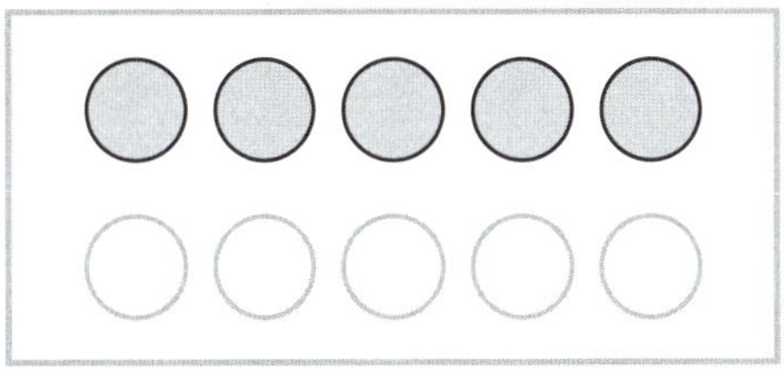

5

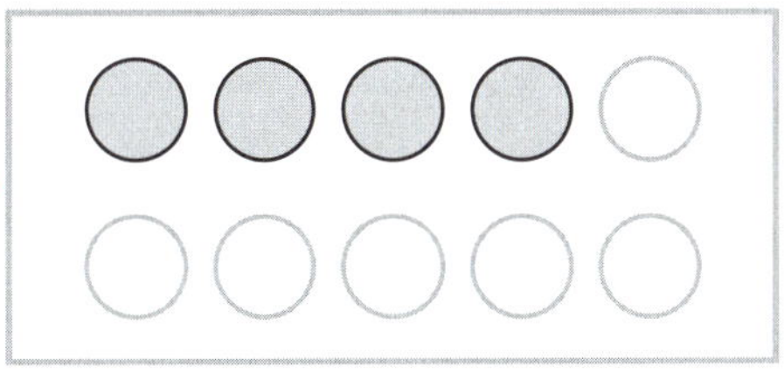

4

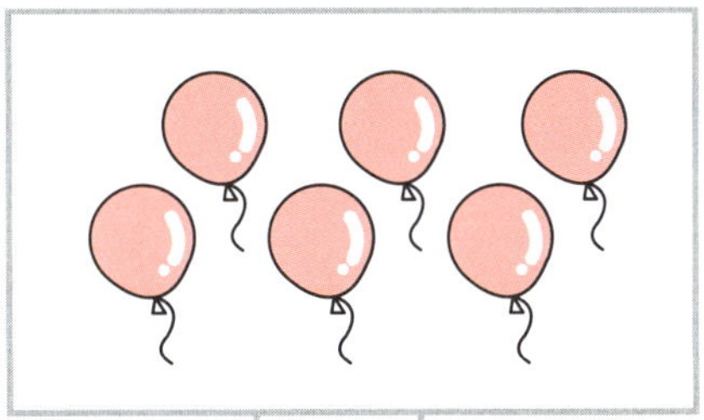

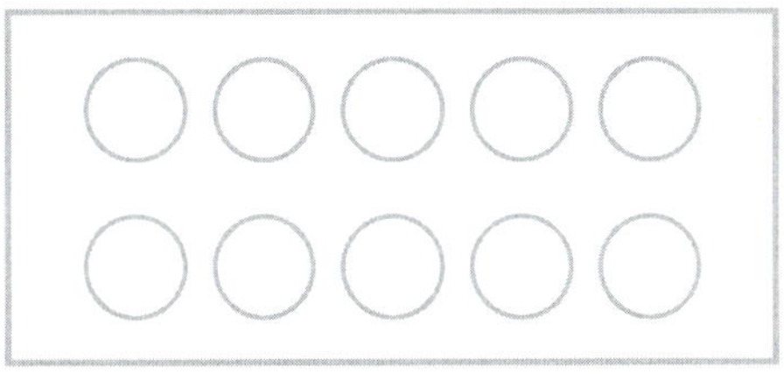

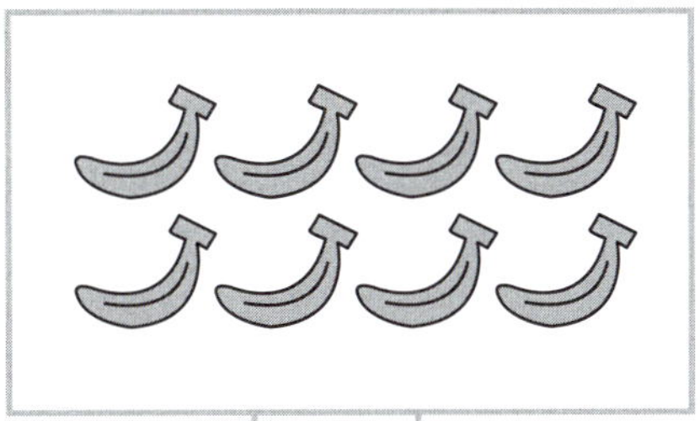

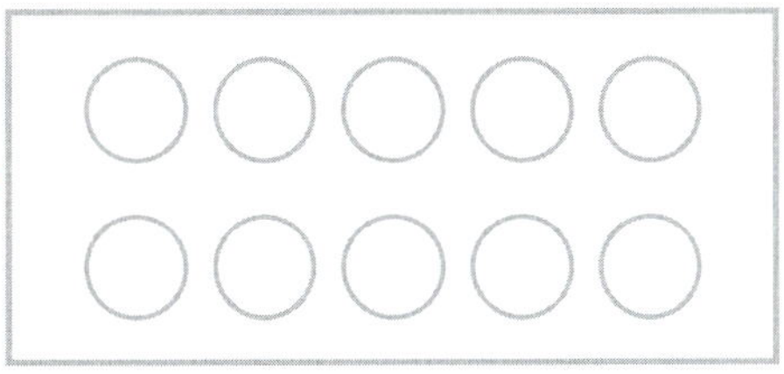

あつまりと かず

れいだい

おうちのかたへ

左と 右を むすぶ せんは、できるだけ まっすぐに ひくように しましょう。

1 おなじ かずを せんで むすびましょう。

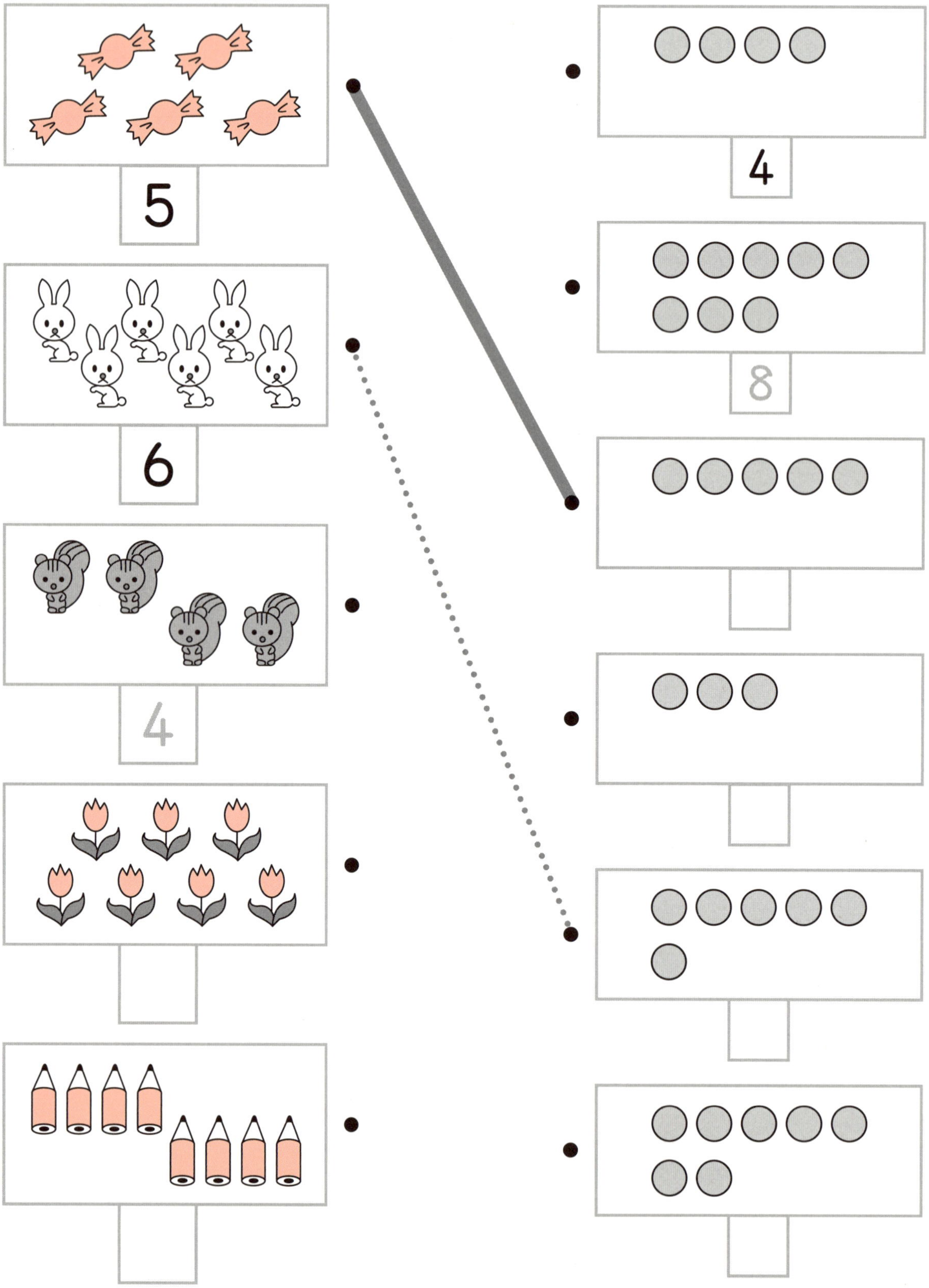

2 えと おなじ かずの ○を くろく ぬりましょう。

4

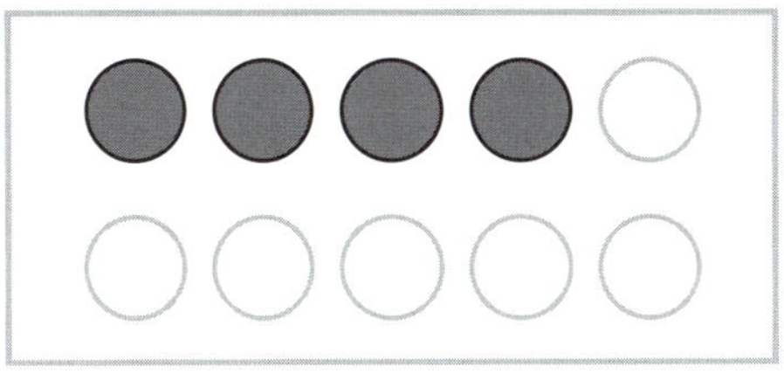

5

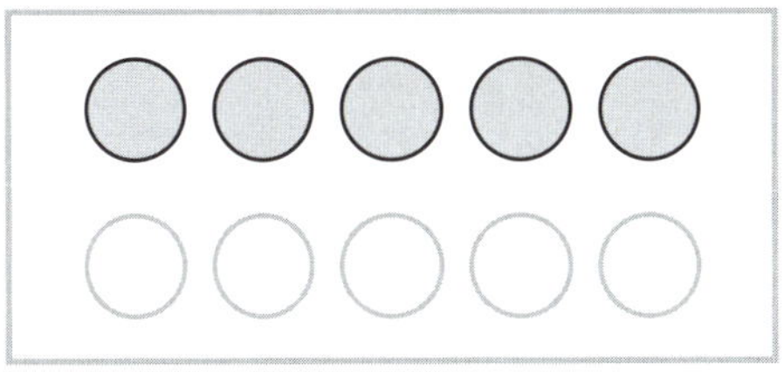

8

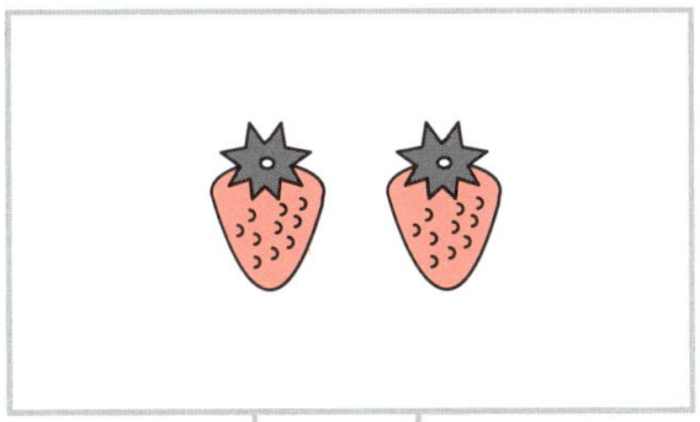

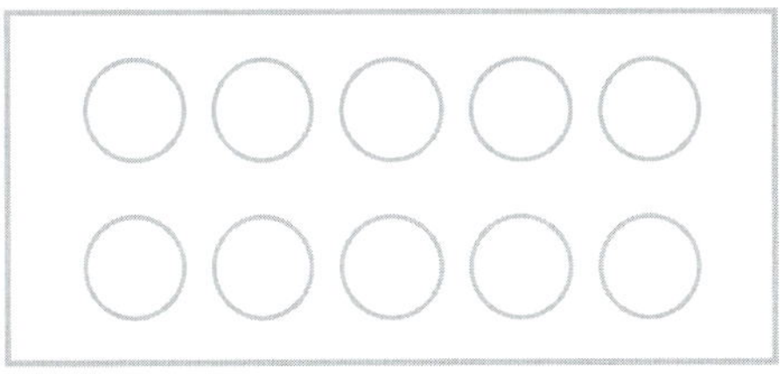

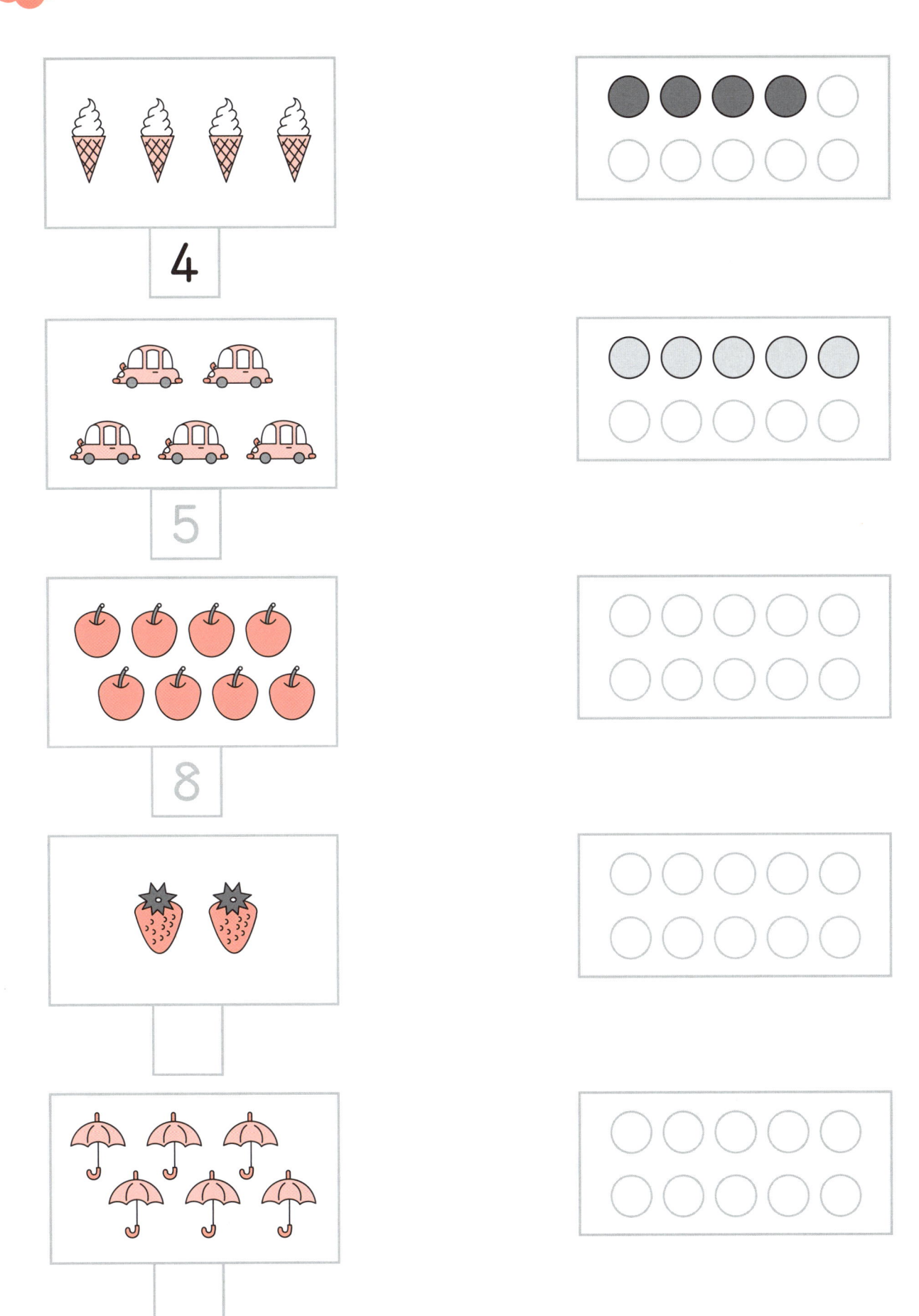

あつまりと かず

れんしゅう①

おうちのかたへ

ここでは、すう字を かかずに やりましょう。上の だんの かずを おぼえて、下の だんから さがす れんしゅうです。

1 おなじ かずを せんで むすびましょう。

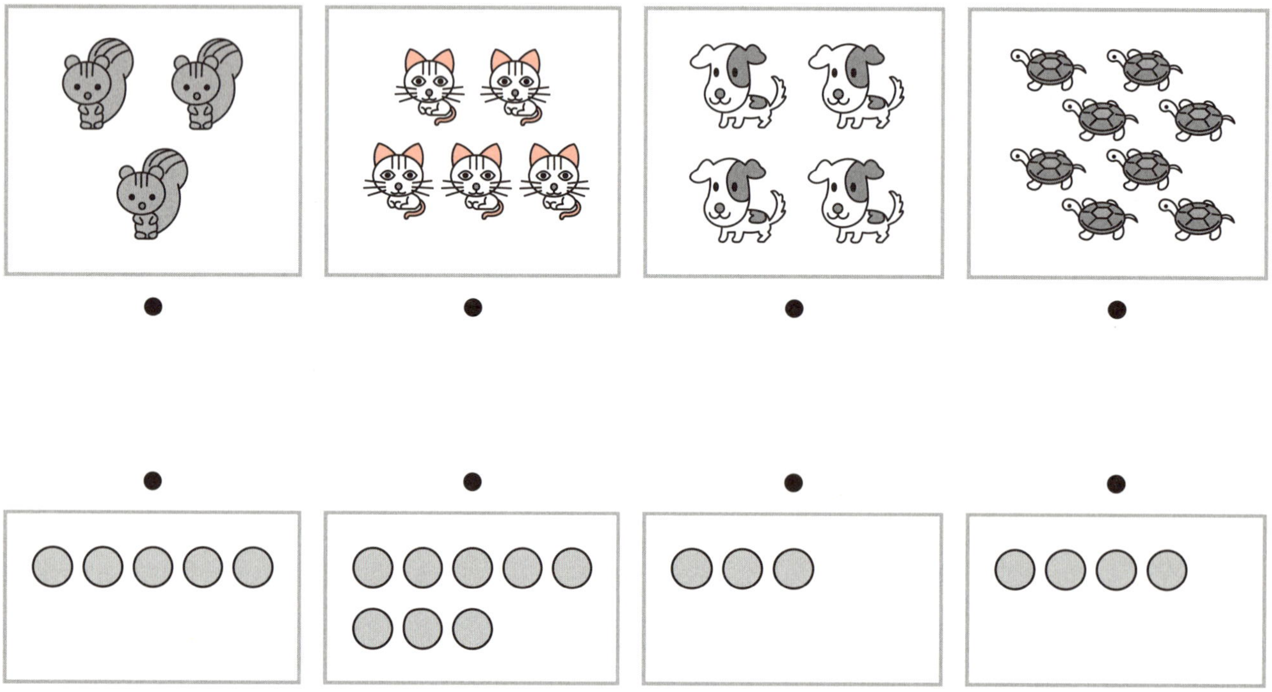

2 おなじ かずを せんで むすびましょう。

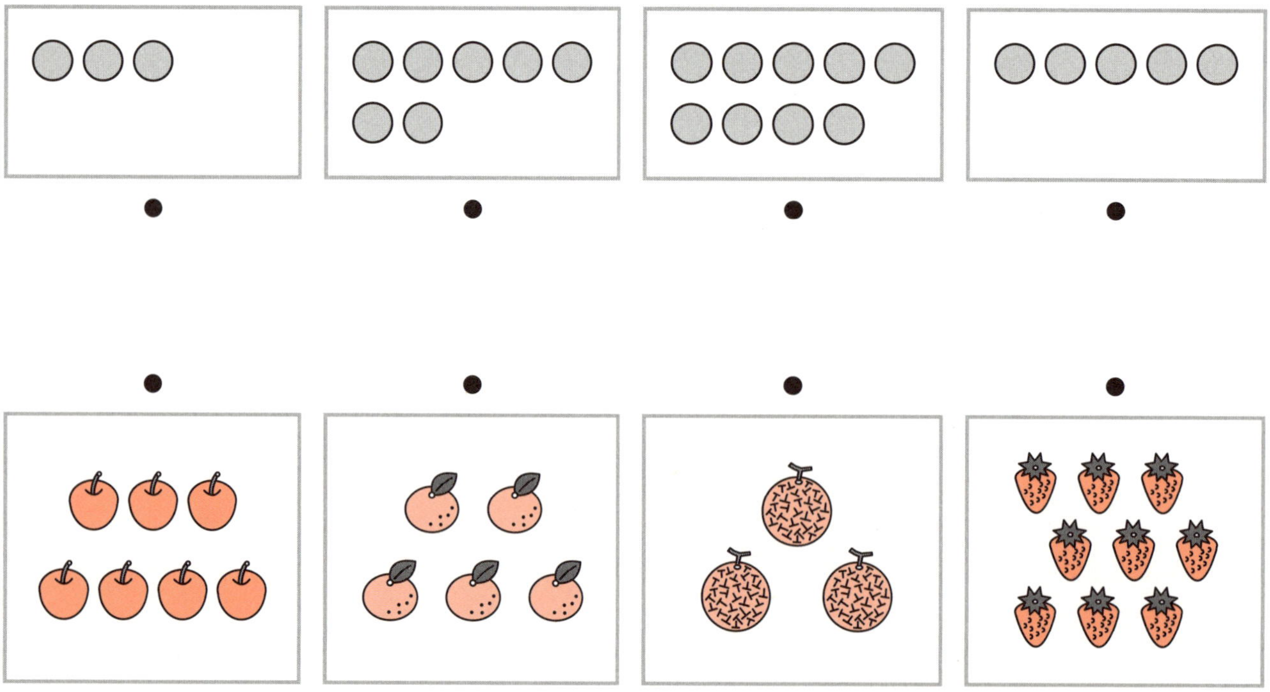

あつまりと かず

れんしゅう②

おうちのかたへ

左の ものの かずを おぼえて 右の ◯ を ぬりましょう。

1 えと おなじ かずの ◯を くろく ぬりましょう。

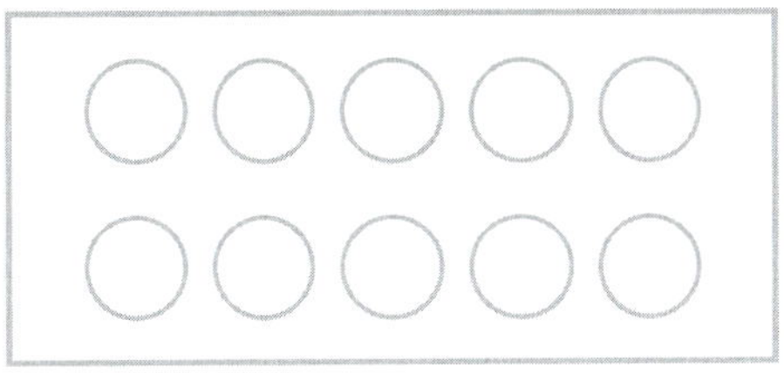

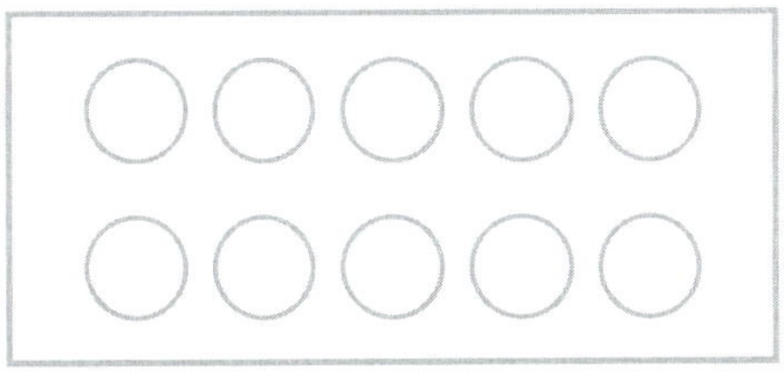

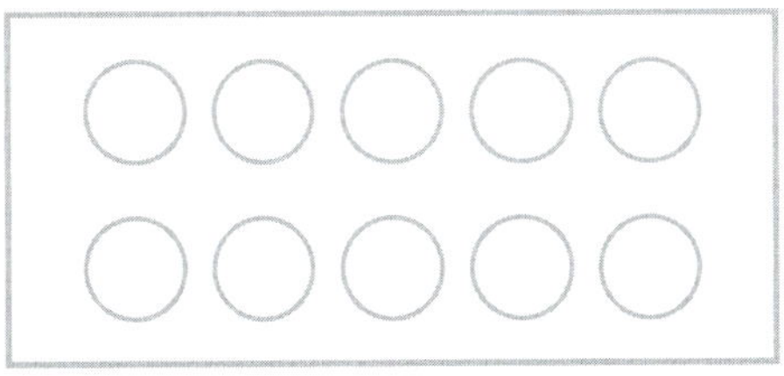

なかまわけ

おうちのかたへ
○を その かずだけ ぬる ことを くりかえす ことで、いろいろな ものを くべつしながら かぞえる ことに なれて いきます。

1 えを 見て こたえの かずだけ○を くろく ぬりましょう。

(1) はこは ぜんぶで なんこですか。　(　　)こ

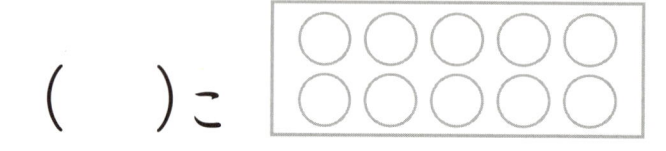

(2) うすい オレンジいろの はこは なんこですか。　(　　)こ

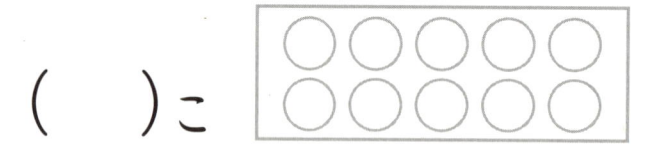

(3) いろが ぬって ある はこは ぜんぶで なんこですか。　(　　)こ

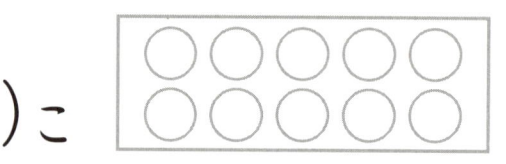

2 えを 見て こたえの かずだけ○を くろく ぬりましょう。

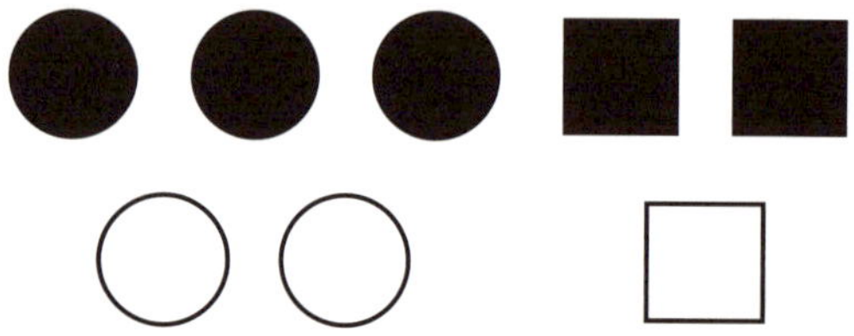

(1) まるは ぜんぶで いくつですか。　(　　)つ

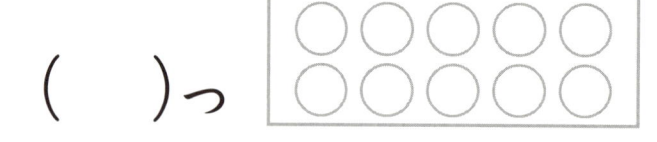

(2) しかくは ぜんぶで いくつですか。　(　　)つ

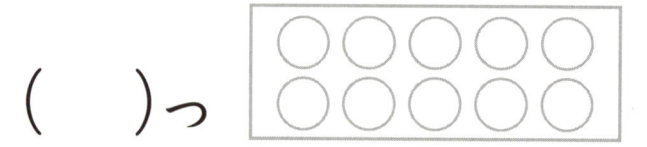

(3) 白い ものは ぜんぶで いくつですか。　(　　)つ

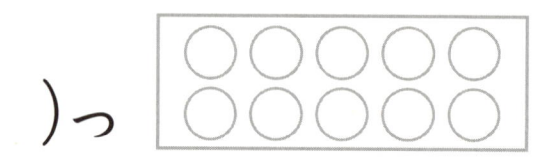

3 えを 見て こたえの かずだけ○を くろく ぬりましょう。

(1) 男の子は なん人ですか。

まず、かずを かぞえて
すう字を かいて おきます。

(4)人

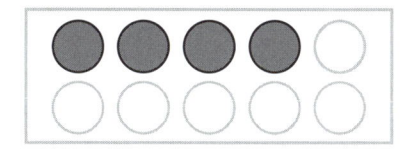

(2) 女の子は なん人ですか。

(5)人

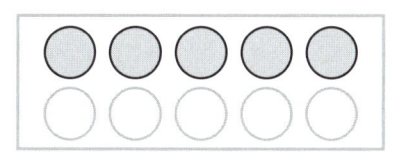

(3) ぼうしを かぶった
男の子は なん人ですか。 (　　)人

(4) ぼうしを かぶって いない
子は なん人ですか。 (　　)人

(5) めがねを かけて いない
子は なん人ですか。 (　　)人

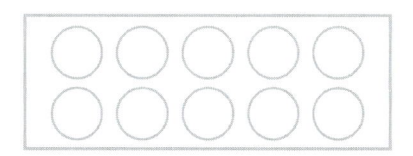

(6) ぼうしを かぶって いて、めがねを
かけて いる 子は なん人ですか。

2つの ことを いっしょに かんがえる れんしゅうです。あてはまる かずだけ まるを くろく ぬりましょう。

(　　)人

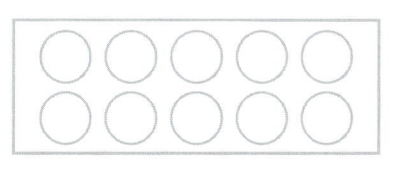

なかまわけ

れいだい

おうちのかたへ

そろそろ 見ただけで こすうを いえるように なったころですが、いちど ◯の かずに おきかえる れんしゅうを つづけましょう。

1 えを 見て こたえの かずだけ ◯を ぬりましょう。

(1) ジュースの 入って いる コップは いくつですか。　(3)つ

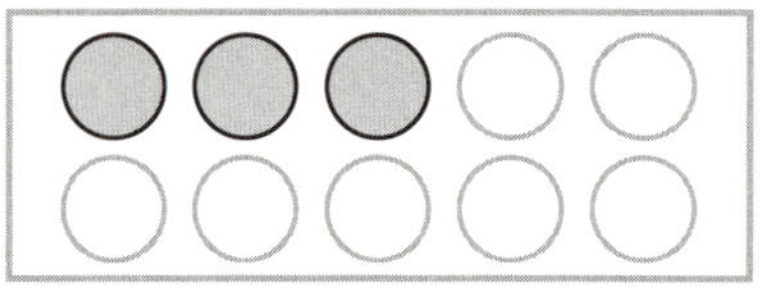

(2) コップは ぜんぶで いくつですか。　(　　)つ

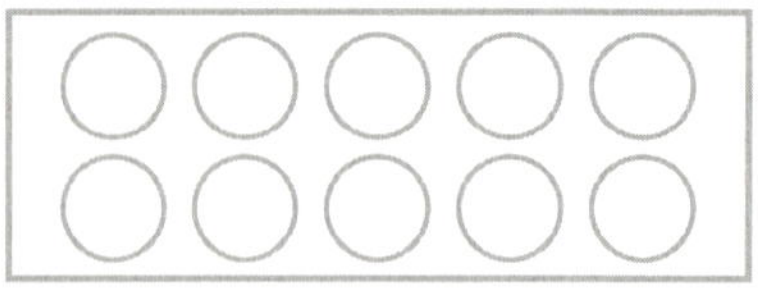

2 えを 見て こたえの かずだけ ◯を ぬりましょう。

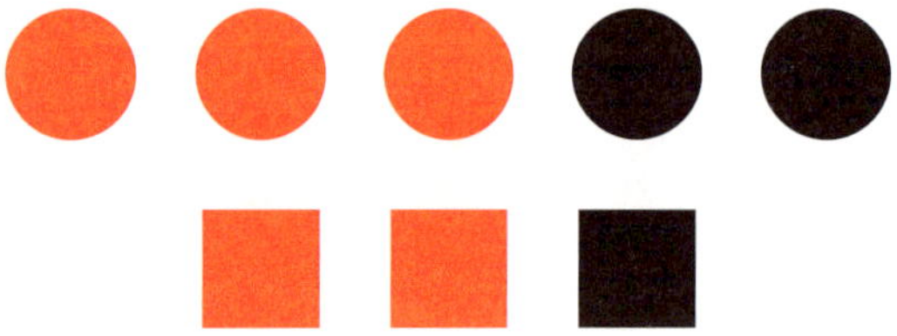

(1) しかくは ぜんぶで いくつですか。　(　　)つ

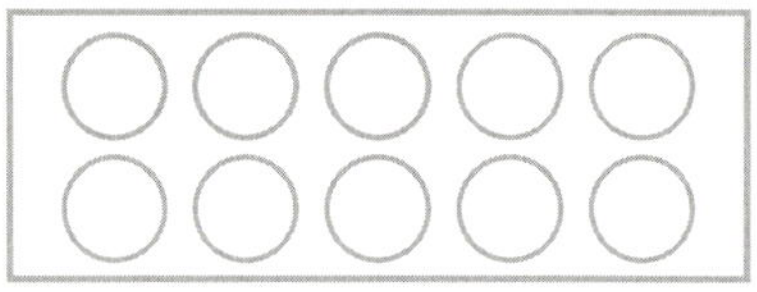

(2) くろい まるは いくつですか。　(　　)つ

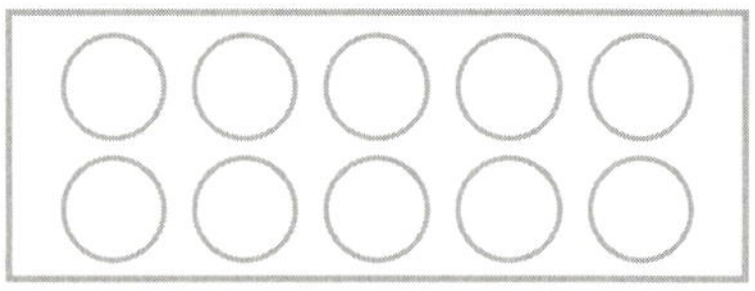

(3) くろい ものは ぜんぶで いくつですか。　(　　)つ

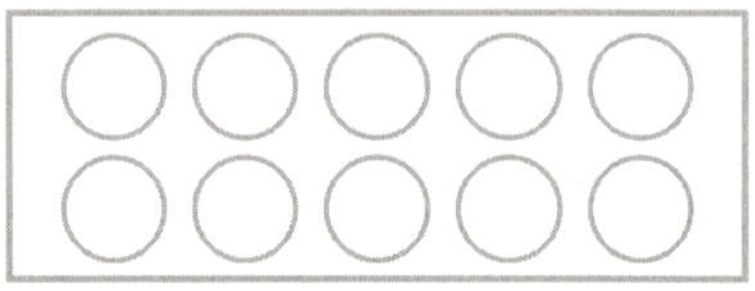

3 えを 見て あてはまる かずだけ○を くろく ぬりましょう。

(1) 上の だんに ある みかんは いくつですか。　(　　)つ

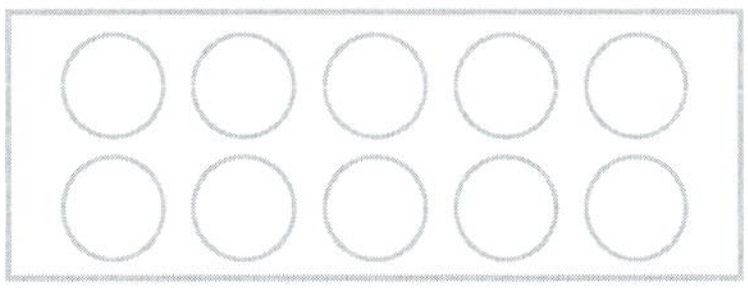

(2) 下の だんに ある りんごは いくつですか。　(　　)つ

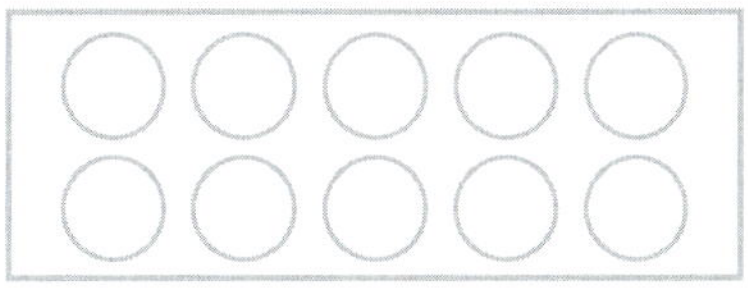

(3) みかんは ぜんぶで いくつですか。　(　　)つ

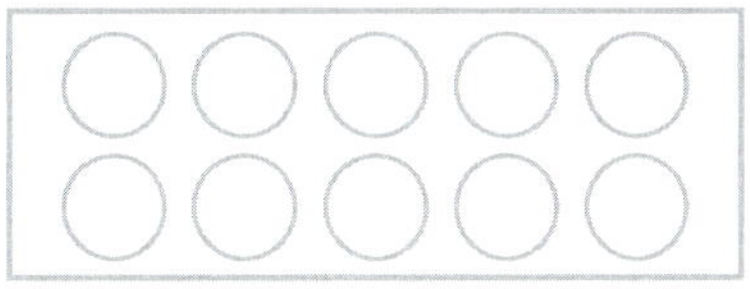

4 えを 見て こたえの かずを かきましょう。

(1) コップは ぜんぶで いくつですか。　(　　)つ

(2) 水が 入って いる ビンは いくつですか。　(　　)つ

(3) 水が 入って いる 入れものは ぜんぶで いくつですか。　(　　)つ

なかまわけ

れんしゅう

おうちのかたへ

「こえを 出して かぞえる➡◯に かきうつす➡かずをかく」と いう てじゅんを すこし はやく して みましょう。

1

えを 見て こたえの かずだけ◯を くろく ぬりましょう。

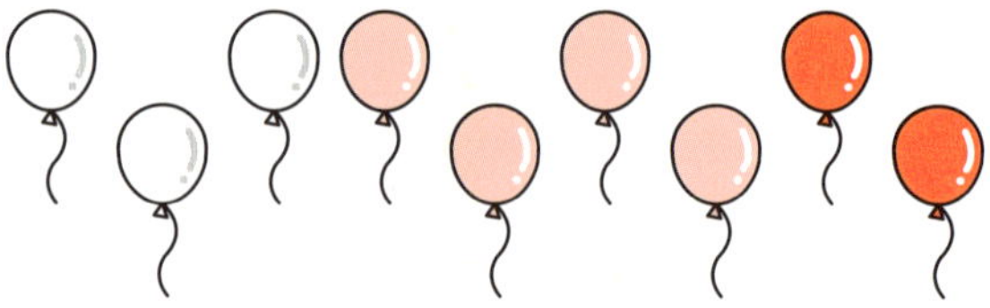

(1) ふうせんは ぜんぶで いくつですか。 (　　)つ

(2) いろが ついて いない ふうせんは いくつですか。 (　　)つ

(3) いろが ついて いる ふうせんは いくつですか。 (　　)つ

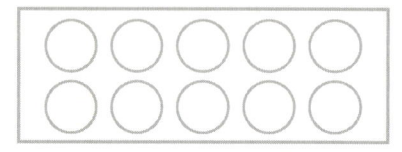

2

えを 見て こたえの かずだけ◯を くろく ぬりましょう。

(1) くろい ねこは なんびきですか。 (　　)ひき

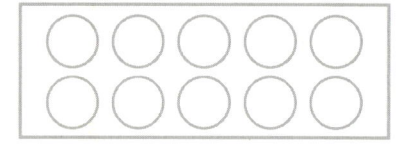

(2) 犬は なんびきですか。 (　　)ひき

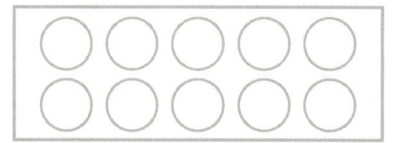

(3) 白い 犬と 白い ねこは ぜんぶで なんびきですか。 (　　)びき

3 えを 見て あてはまる かずだけ○を くろく ぬりましょう。

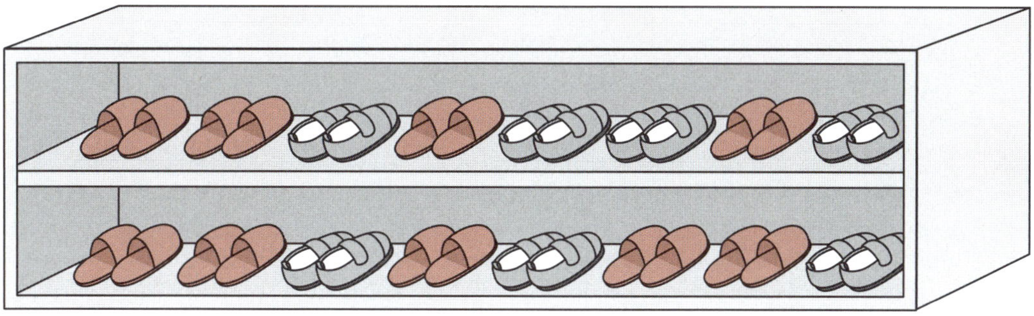

(1) 上の だんに ある
すりっぱは いくつですか。（　　）つ

(2) 下の だんに ある くつは
いくつですか。（　　）つ

(3) くつは ぜんぶで
いくつですか。（　　）つ

4 えを 見て こたえの かずを かきましょう。

(1) ビンは ぜんぶで いくつですか。（　　）つ

(2) 水が 入って いない コップは いくつですか。（　　）つ

(3) 水が 入って いる 入れものは いくつですか。（　　）つ

かずの ならび

おうちの 人と いっしょに

おうちのかたへ
「かず」と「おと」を むすびつける ことで、かずの じゅんと 大小の じゅんを りかいする れんしゅうです。リズムよく かずを いいましょう。

1

□に あう かずを かきましょう。そして 左から も 右からも こえに 出して よんで みましょう。

(1) 1 － 2 － □3 － □4 － 5 － 6

(2) 4 － □ － 6 － □ － □ － 9

(3) □ － 6 － 5 － □ － □ － 2

(4) 9 － 8 － □ － □ － 5 － 4

左からも 右からも こえに 出して リズムよく よんで みましょう。

□の 中に かく すう字は □の まん中に かくように しましょう。

2

かずが おおい じゅんに どうぶつの 名まえを かきましょう。

(1)

□ 、 、

(2)

□ 、 、

3 つぎの かずを 小さい じゅんに ならべましょう。

(1) (1、9、7、3)　　1、3、7、9

(2) (6、9、3、8、4)　　□、□、□、□、□

(3) (3、0、6、9、8)　　□、□、□、□、□

(4) (4、10、6、8、1、0、2)

□、□、□、□、□、□、□

(かずの もれが ないかを しらべて みましょう。)

4 □に あう かずを かきましょう。そして 左からも 右からも こえに 出して よんで みましょう。

(1) 0 − 2 − □ − 6 − □ − 10

(2) □ − 3 − □ − 7 − 9

(3) □ − 8 − 6 − □ − 2 − □

(4) □ − 7 − 5 − □ − □

(1)や (3)の かずを ぐうすうと いいます。(2)や (4)の かずを きすうと いいます。左や 右から なんども よんで みましょう。

かずの ならび

れいだい

おうちのかたへ

4の 1つとばしの かず（ぐうすうと きすう）も たいせつです。かずを かきこんだ あとで なんども よんで みましょう。

1 □に あう かずを かきましょう。そして 左からも 右からも こえに 出して よんで みましょう。

(1) □ － 1 － 2 － □ － □ － 5 － □

(2) 4 － □ － □ － 7 － □ － 9 － 10

(3) □ － 7 － □ － □ － 4 － 3

(4) 6 － □ － 4 － 3 － □ － 1 － □

左からも 右からも こえに 出して リズムよく よんで みましょう。

2 かずが おおい じゅんに 文ぼうぐの 名まえを かきましょう。

(1)

（えんぴつ）

（けしごむ）

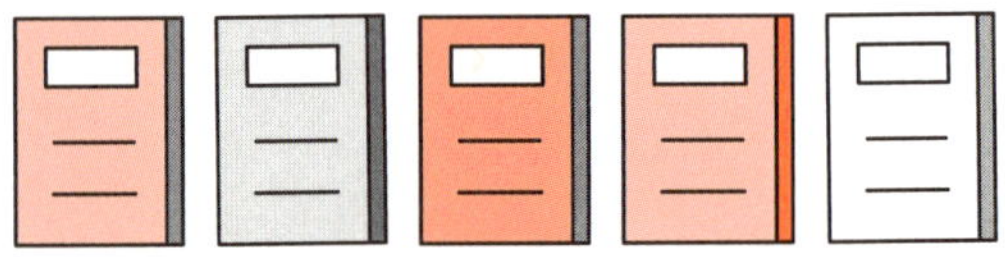

（ノート）

□、□、□

(2)

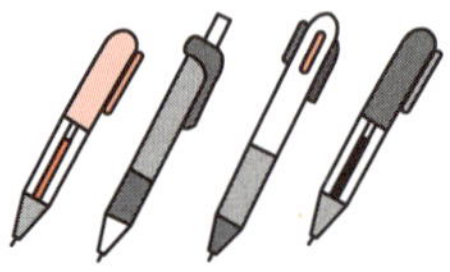

（ペン）

（えんぴつ）

（ノート）

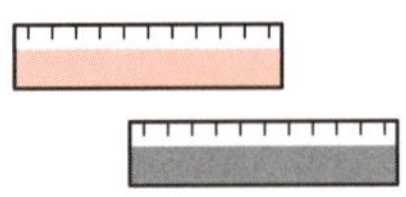

（じょうぎ）

□、□、□、□

3 つぎの かずを 小さい じゅんに ならべましょう。

(1) (2 、5 、0 、9)　□（　、　、　、　）

(2) (5 、1 、8 、6 、3)　□（　、　、　、　、　）

(3) (5 、10 、3 、0 、7 、1)　□

(4) (2 、5 、4 、0 、1 、3 、6)

□

（かずの もれが ないかを しらべて みましょう。）

4 □に あう かずを かきましょう。そして 左からも 右からも こえに 出して よんで みましょう。

(1) □ − □ − 4 − 6 − □ − 10

(2) 1 − □ − 5 − 7 − □

(3) □ − 8 − 6 − □ − □ − 0

(4) □ − 7 − □ − 3 − □

1つとばしの かずの ならびに なれましょう。大きな こえで なんども いって みましょう。

かずの ならび

れんしゅう

おうちのかたへ

そろそろ お子さん ひとりで やらせて みて ください。おうちの かたは そばで 見て あげて ください。

1 □に あう かずを かきましょう。

(1) □ － 2 － □ － 4 － 5 － □ － □ － 8

(2) 3 － □ － □ － 6 － 7 － □ － 9 － 10

(3) 10 － □ － □ － 7 － □ － 5 － 4 － □

(4) □ － 6 － □ － 4 － 3 － □ － 1 － □

2 かずが おおい じゅんに どうぶつの 名まえを かきましょう。

(1)

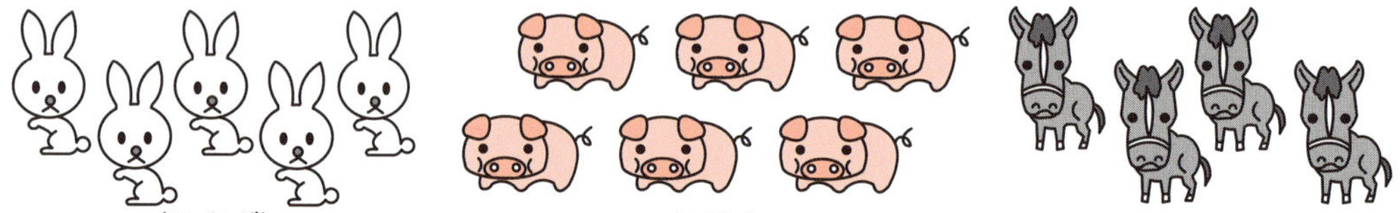

(うさぎ)　(ぶた)　(うま)

□、□、□

(2)

(ぞう)　(りす)　(いぬ)　(ねこ)

□、□、□、□

3 つぎの かずを 大きい じゅんに ならべましょう。

(1) (4、2、0、5、3)　[、 、 、 、]

(2) (5、3、6、4、7、1)　[、 、 、 、 、]

(3) (8、1、3、0、6、4、2)　[ ]

(4) (4、7、2、5、0、3、9)　[ ]

(かずの もれが ないかを しらべて みましょう。)

4 □に あう かずを かきましょう。

(1) □ − 2 − □ − 6 − 8 − □

(2) 1 − □ − 5 − □ − 9

(3) 10 − □ − □ − □ − □ − 0

(4) 9 − □ − 5 − □ − □

じゅんばんを あらわす かず

おうちのかたへ

こすうを あらわす かずと じゅんばんを あらわす かずで こんらんする ことが あります。「1ばんめ・2ばんめ・3ばんめ…」と 子どもと いっしょに かぞえて あげて ください。

1 いろを ぬりましょう。

(1) 左から 4つの りんごを ぬりましょう。

左 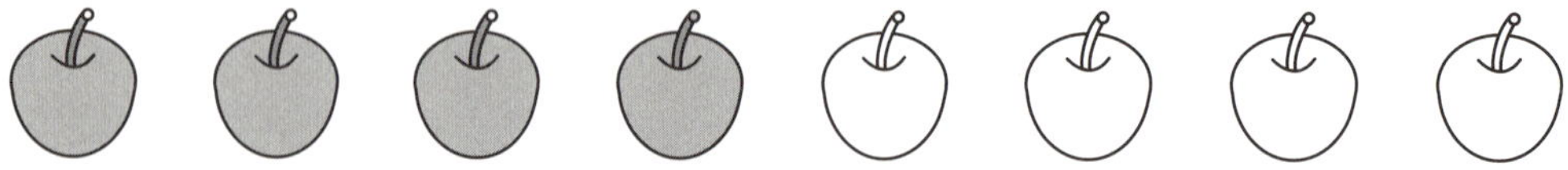 右

(2) 左から 4ばんめの みかんを ぬりましょう。

左  右

(3) 右から 5つの ふうせんを ぬりましょう。

(4) 右から 6ばんめの バナナを ぬりましょう。

2

左  右

(1) いろが ぬって ある りすは
左から なんばんめでしょう。　□ ばんめ

(2) いろが ぬって ある りすは
右から なんばんめでしょう。　□ ばんめ

(3) りすは ぜんぶで なんびきでしょう。　□ ひき

3 えを 見て こたえましょう。

(1) りすは 上から
なんばんめに いますか。　ばんめ

(2) いちばん 下に いるのは
なんですか。

(3) 下から 5 ばんめに
いるのは なんですか。

(4) さるより 上に なんびき
いますか。　ひき

さるの 1つ 上の ねこから「1ぴき・2ひき・3
びき…」と かぞえて みましょう。

(5) さるは 上から
なんばんめに いますか。　ばんめ

いちばん 上の とんぼから「1ばんめ・2ばん
め・3ばんめ…」と かぞえて みましょう。

4 いろを ぬった ところは 左から なんばんめですか。また 右から なんばんめですか。

(1)

左から　ばんめ　右から　ばんめ

(2)

左から　ばんめ　右から　ばんめ

(3)

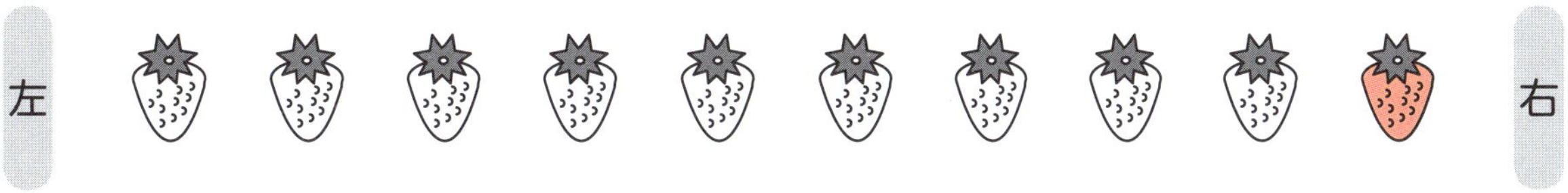

左から　ばんめ　右から　ばんめ

じゅんばんを あらわす かず

れいだい

おうちのかたへ

このじきは 右と 左を まちがえる 子が おおいです。まちがえても しからずに、なんども やさしく おしえて あげて ください。

1 いろを ぬりましょう。

(1) 左から 5つの まるを ぬりましょう。

左  右

(2) 左から 6ばんめの まるを ぬりましょう。

左  右

(3) 右から 3つの かさを ぬりましょう。

左  右

(4) 右から 7ばんめの かさを ぬりましょう。

左  右

2

(1) いろの ついた ねこは
左から なんばんめでしょう。 □ ばんめ

(2) いろの ついた ねこは
右から なんばんめでしょう。 □ ばんめ

(3) いろの ついた ねこより 右には
なんびきの ねこが いますか。 □ ひき

3 えを 見て こたえましょう。

(1) △は 上から なんばんめですか。 □ ばんめ

(2) いちばん 上には なにが ありますか。 □

(3) 下から 6 ばんめには なにが ありますか。 □

(4) ■より 上には いくつ ありますか。 □ つ

(5) ■は 上から なんばんめですか。 □ ばんめ

4 いろを ぬった ところは 左から なんばんめですか。また 右から なんばんめですか。

(1)

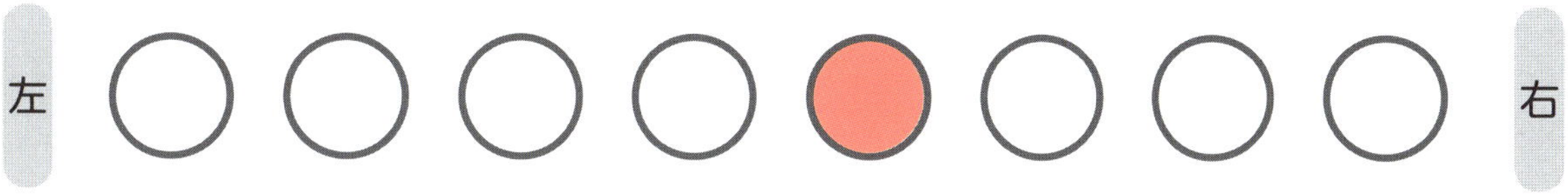

左から □ ばんめ　　右から □ ばんめ

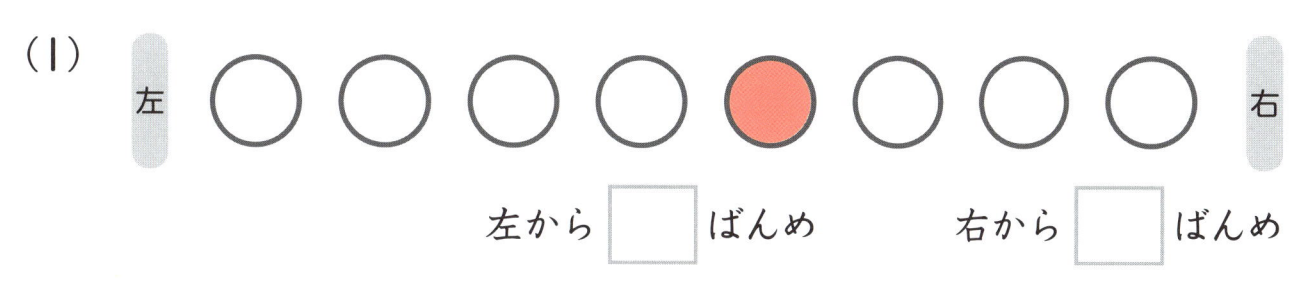

(2)

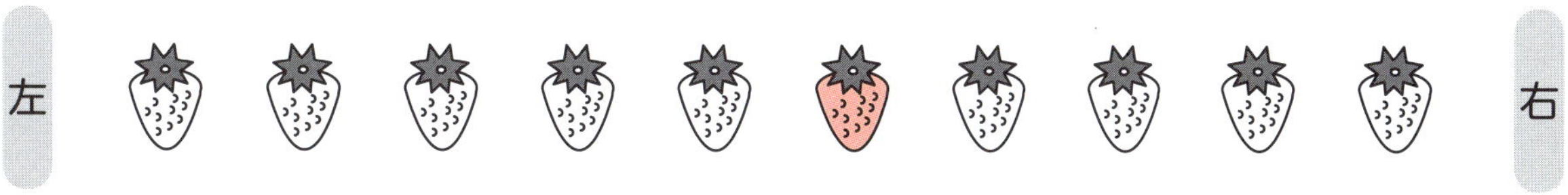

左から □ ばんめ　　右から □ ばんめ

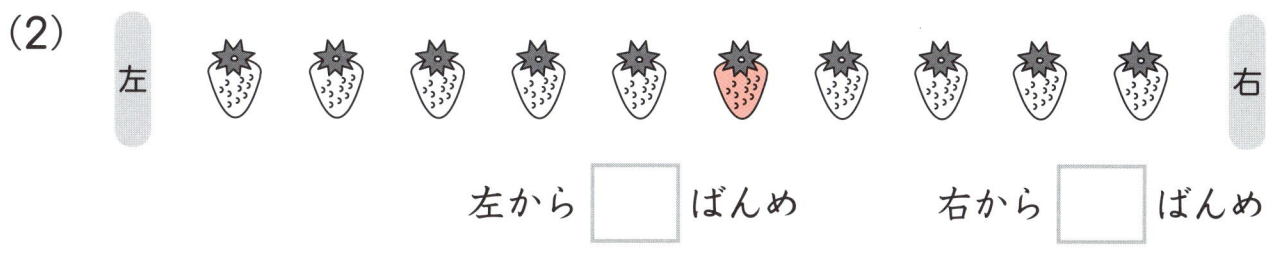

(3)

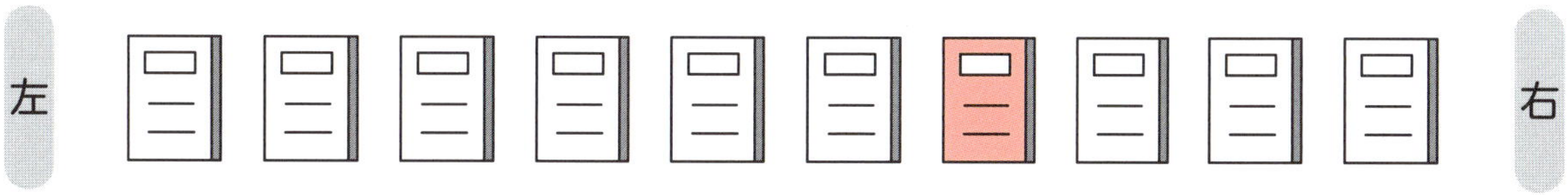

左から □ ばんめ　　右から □ ばんめ

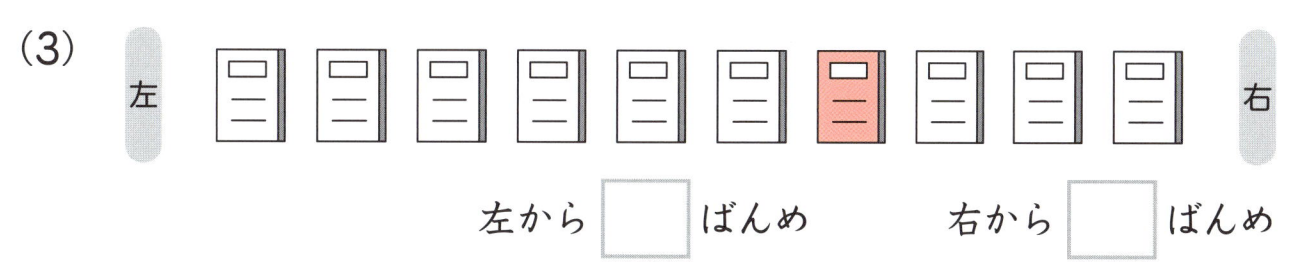

じゅんばんを あらわす かず

れんしゅう

おうちのかたへ
ここは 子ども ひとりで やらせて みて ください。おうちの かたは、よこに ついて 見て あげて ください。

1 いろを ぬりましょう。

(1) 右から 6つの たまごを ぬりましょう。

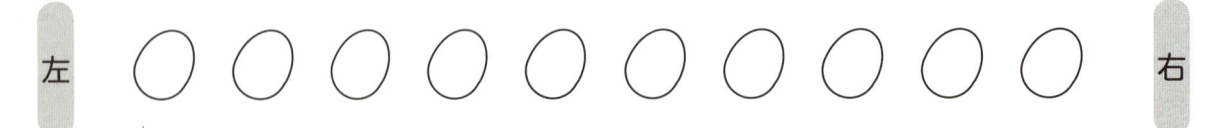

左
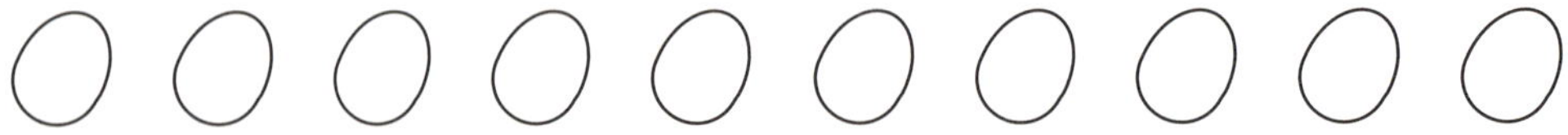
右

(2) 右から 5ばんめの バナナを ぬりましょう。

左

右

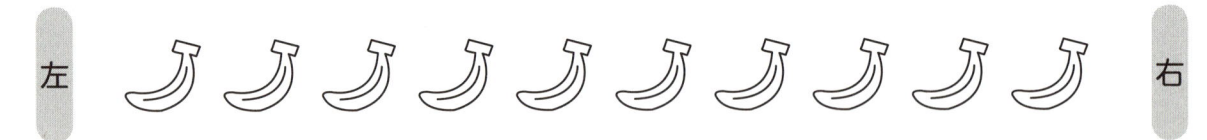

(3) 左から 4つの ふうせんを ぬりましょう。

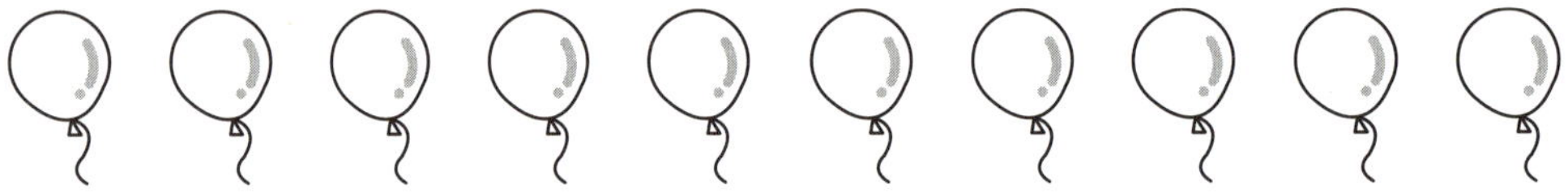

(4) 左から 7ばんめの りんごを ぬりましょう。

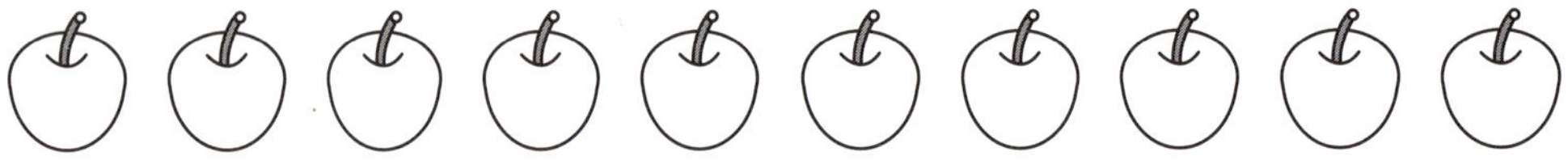

2

(1) いろの ついた あめは
左から なんばんめでしょう。 □ばんめ

(2) いろの ついた あめは
右から なんばんめでしょう。 □ばんめ

(3) あめは ぜんぶで なんこでしょう。 □こ

3 えを 見て こたえましょう。

(1) さるは 上から
なんばんめに いますか。 □ばんめ

(2) いちばん 上に いるのは
なんですか。 □

(3) 下から 6ばんめに
いるのは なんですか。 □

(4) りすは 下から なんばんめ
に いますか。 □ばんめ

(5) りすの 下には なんびき
いますか。 □びき

4 いろの ついた えは 左から なんばんめですか。また 右から なんばんめですか。

(1)		左から（　　）ばんめ 右から（　　）ばんめ
(2)		左から（　　）ばんめ 右から（　　）ばんめ
(3)	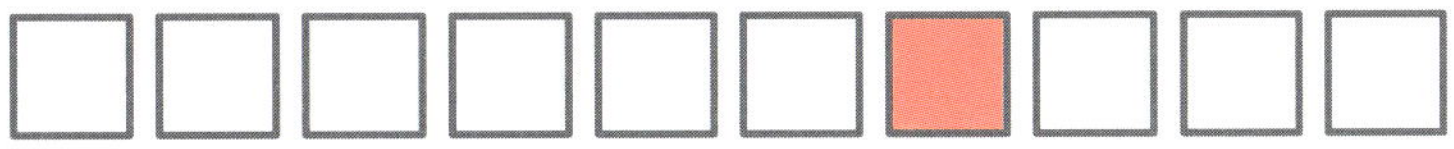	左から（　　）ばんめ 右から（　　）ばんめ
(4)	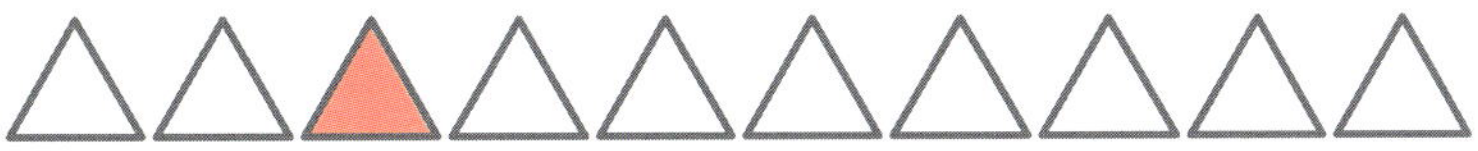	左から（　　）ばんめ 右から（　　）ばんめ
(5)	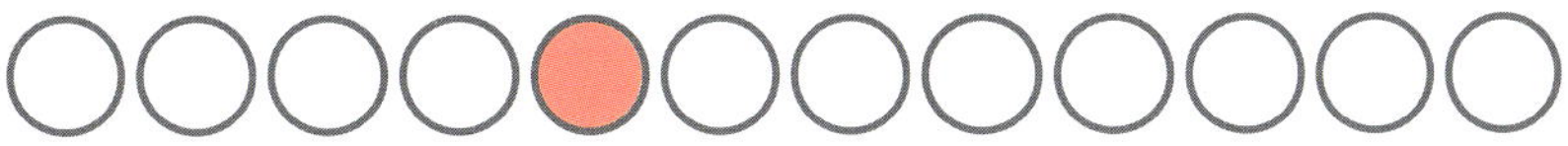	左から（　　）ばんめ 右から（　　）ばんめ

たしざん

「たす」は合わせること、「ひく」は取り除くこと。
はじめは、かぞえながらたします。
たすときは、次の数からかぞえはじめ、ひくときも１つ手前の数からかぞえていきます。それを理屈で子どもに説明しても、この時期にはわかりません。○をぬりながら自然と身につけてもらうことが大切です。
「かぞえてたしざん」の単元は、大きな声を出しながら、指を折りながらかぞえさせてください。
「しきでたしざん」は、5と10をもとにして考える練習をします。
たしざんの練習をたくさんやるうちに、次の章のひきざんの意味がしぜんとわかってきます。
この単元をやりながら、付録の「けいさんカード」を使って、何度も練習させてあげてください。

かぞえて たしざん（1けた）

おうちのかたへ

かずを かぞえる れんしゅうです。その ときに 5より いくつ すくないか おおく なるかを きいて あげて ください。

1 つぎの ●の かずを こたえましょう。

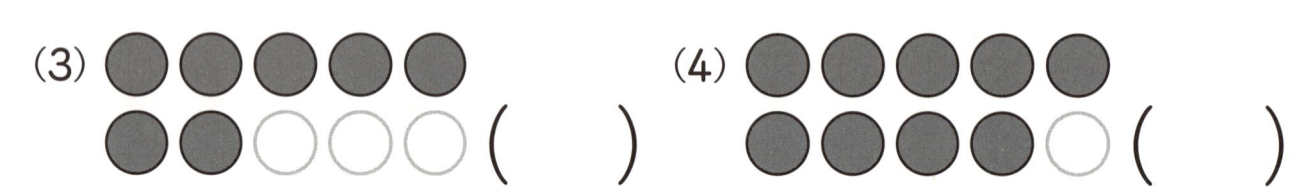

(1)  （　　）

(2)  （　　）

(3) 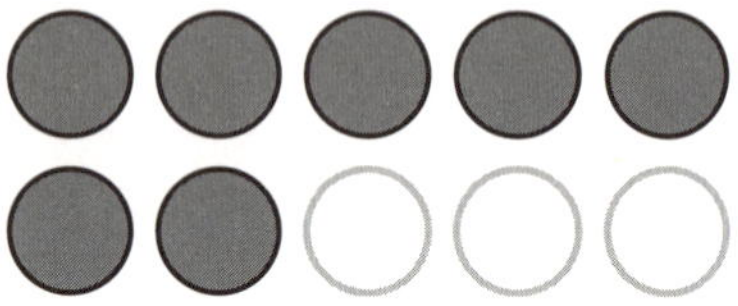 （　　）

(4) 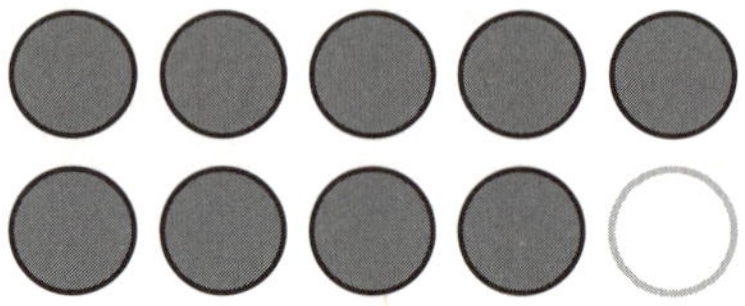 （　　）

2 あわせると いくつに なりますか。かぞえて みましょう。

(1)  □ ひき

(2)  □ ぴき

(3)  □ こ

(4)  □ わ

3 あわせると いくつに なりますか。また、すう字の しきを かいて みましょう。

(1)

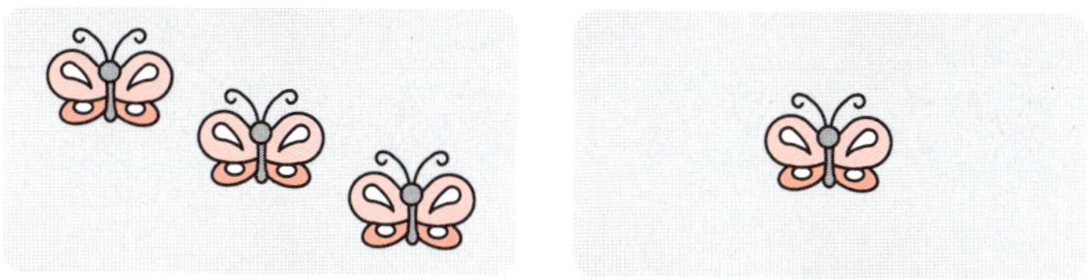

〔しき〕 3 ＋ 1 ＝ 4

こたえ 4 ひき

(2)

〔しき〕 2 ＋ 3 ＝ □

こたえ □ ひき

(3)

〔しき〕 □ ＋ □ ＝ □

こたえ □ こ

(4)

〔しき〕 □ ＋ □ ＝ □

こたえ □ こ

4 すう字の しきを かきましょう。

(1)

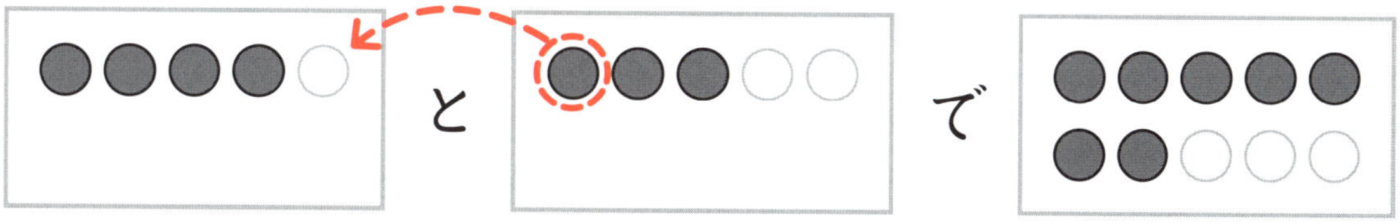

4 ＋ 3 ＝ 7

(2)

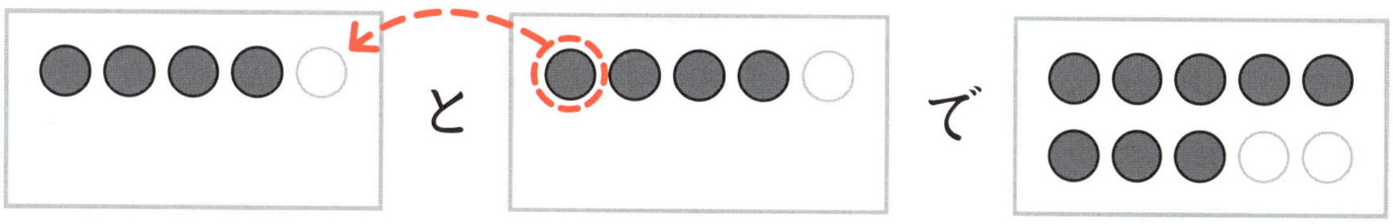

□ ＋ □ ＝ □

(3)

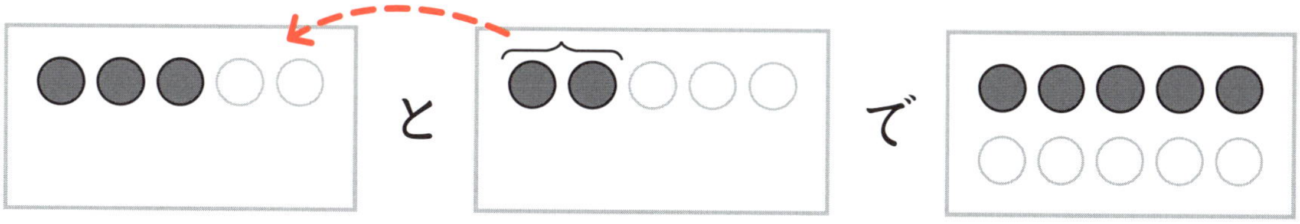

□ ＋ □ ＝ □

かぞえて たしざん

れいだい

おうちのかたへ

かぞえる スピードの アップが もくてきです。この ときも 5や 10を もとに して みましょう。

1 つぎの ●の かずを こたえましょう。

(1) ●●●○○ (　　)

(2) ●●●●● (　　)

(3) ●●●●●
●○○○○ (　　)

(4) ●●●●●
●●●○○ (　　)

2 あわせると いくつに なりますか。かぞえて みましょう。

(1)

□ ひき

(2)

□ ひき

(3)

□ こ

(4)

□ こ

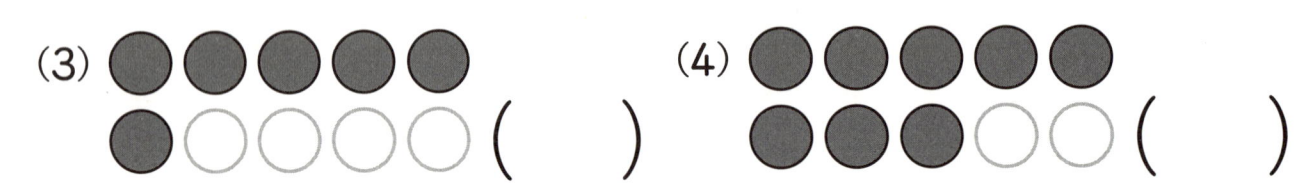

3 あわせると いくつに なりますか。 また、すう字の しきを かいて みましょう。

(1)  

〔しき〕 □ ＋ □ ＝ □

こたえ □ とう

(2)  

〔しき〕 □ ＋ □ ＝ □

こたえ □ とう

(3)  

〔しき〕 □ ＋ □ ＝ □

こたえ □ こ

(4) 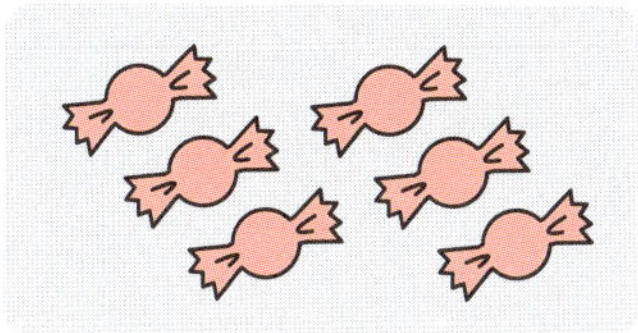 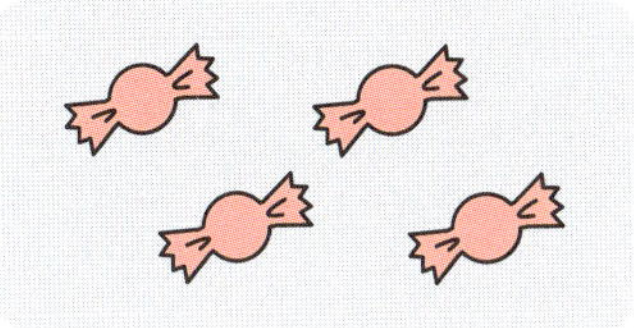

〔しき〕 □ ＋ □ ＝ □

こたえ □ こ

4 すう字の しきを かきましょう。

(1) ●●○○○ と ●●●●○ で ●●●●●／●○○○○

□ ＋ □ ＝ □

(2) ●●●○○ と ●●●○○ で ●●●●●／●○○○○

＋ ＝

(3) ●●●●●／●○○○○ と ●●●●○／○○○○○ で ○○○○○／○○○○○

(いろを ぬって みましょう。)

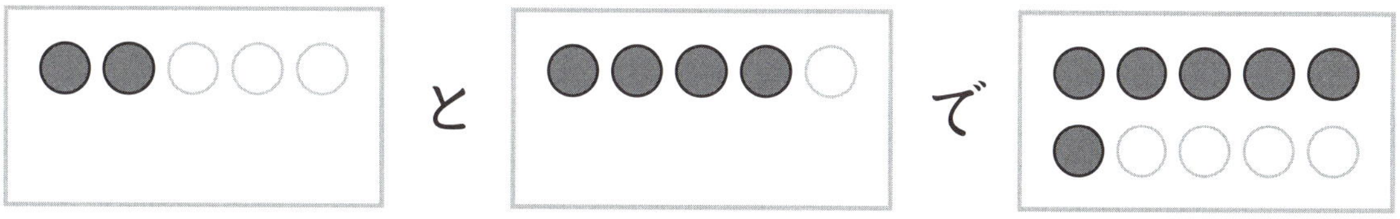

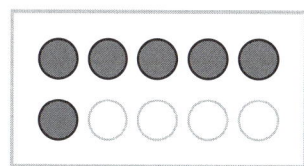

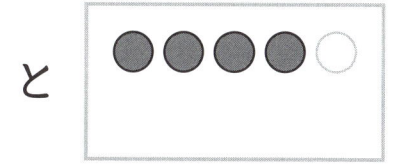

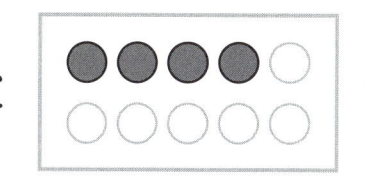

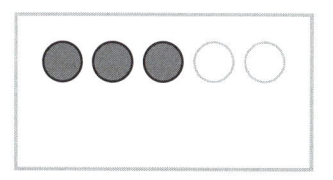

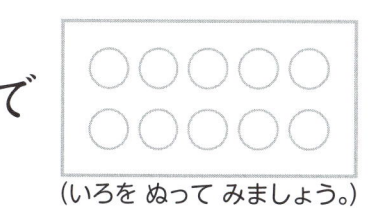

かぞえて たしざん

れんしゅう

おうちのかたへ
かぞえながら、5の 大きさが わかって きて いると おもいます。この ページが おわれば、すこしの まちがいが あっても つぎに すすんで だいじょうぶです。

1 つぎの ●の かずを こたえましょう。

(1)  (　　)

(2)  (　　)

(3) 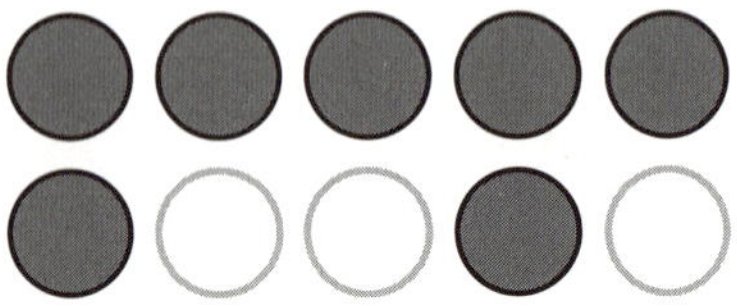 (　　)

(4) 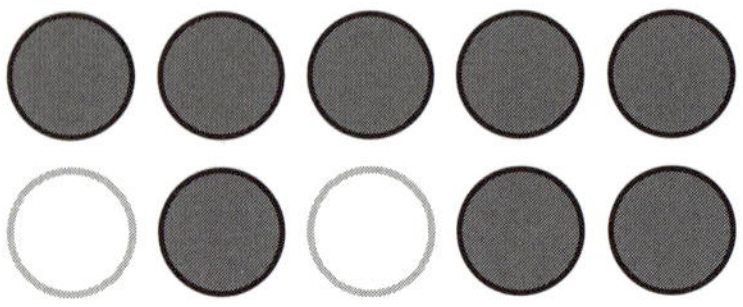 (　　)

2 あわせると いくつに なりますか。かぞえて みましょう。

(1)  □本

(2)  □こ

(3) 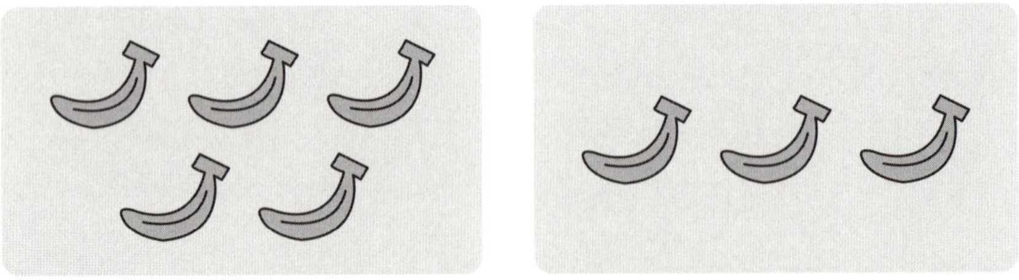 □本

(4)  □とう

3 あわせると いくつに なりますか。また、すう字の しきを かいて みましょう。

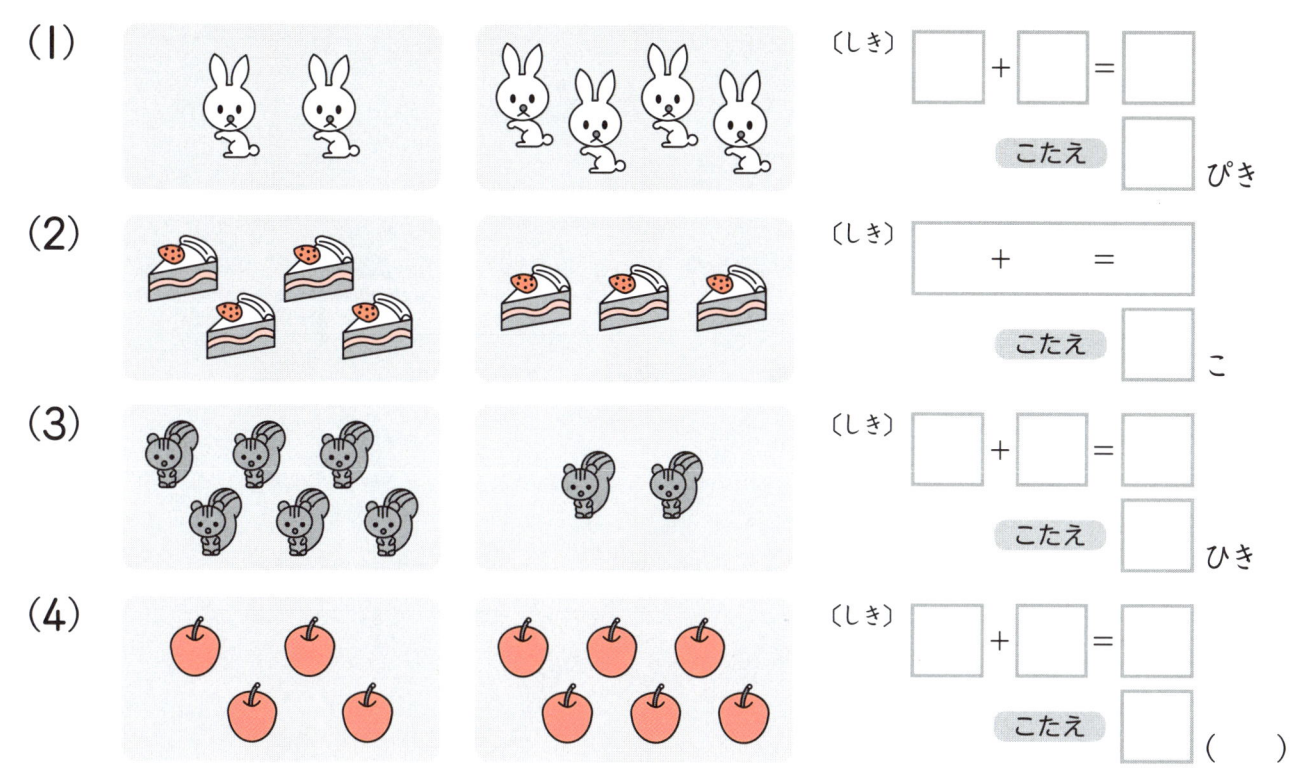

(1)  

〔しき〕　＋　＝

こたえ　ぴき

(2) 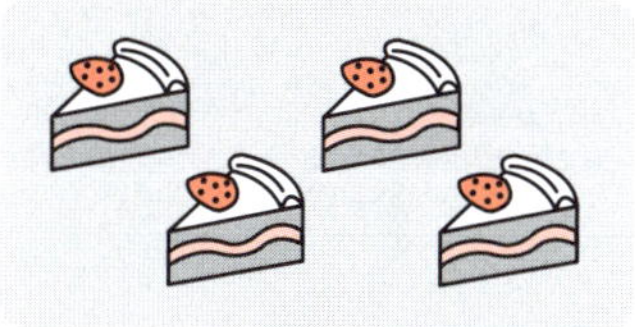 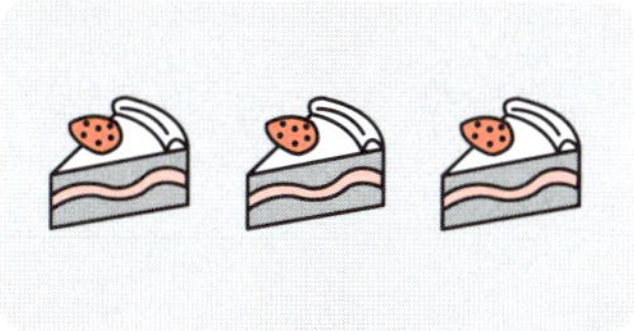

〔しき〕　＋　＝

こたえ　こ

(3)  

〔しき〕　＋　＝

こたえ　ひき

(4)  

〔しき〕　＋　＝

こたえ　（　　）

4 すう字の しきを かきましょう。

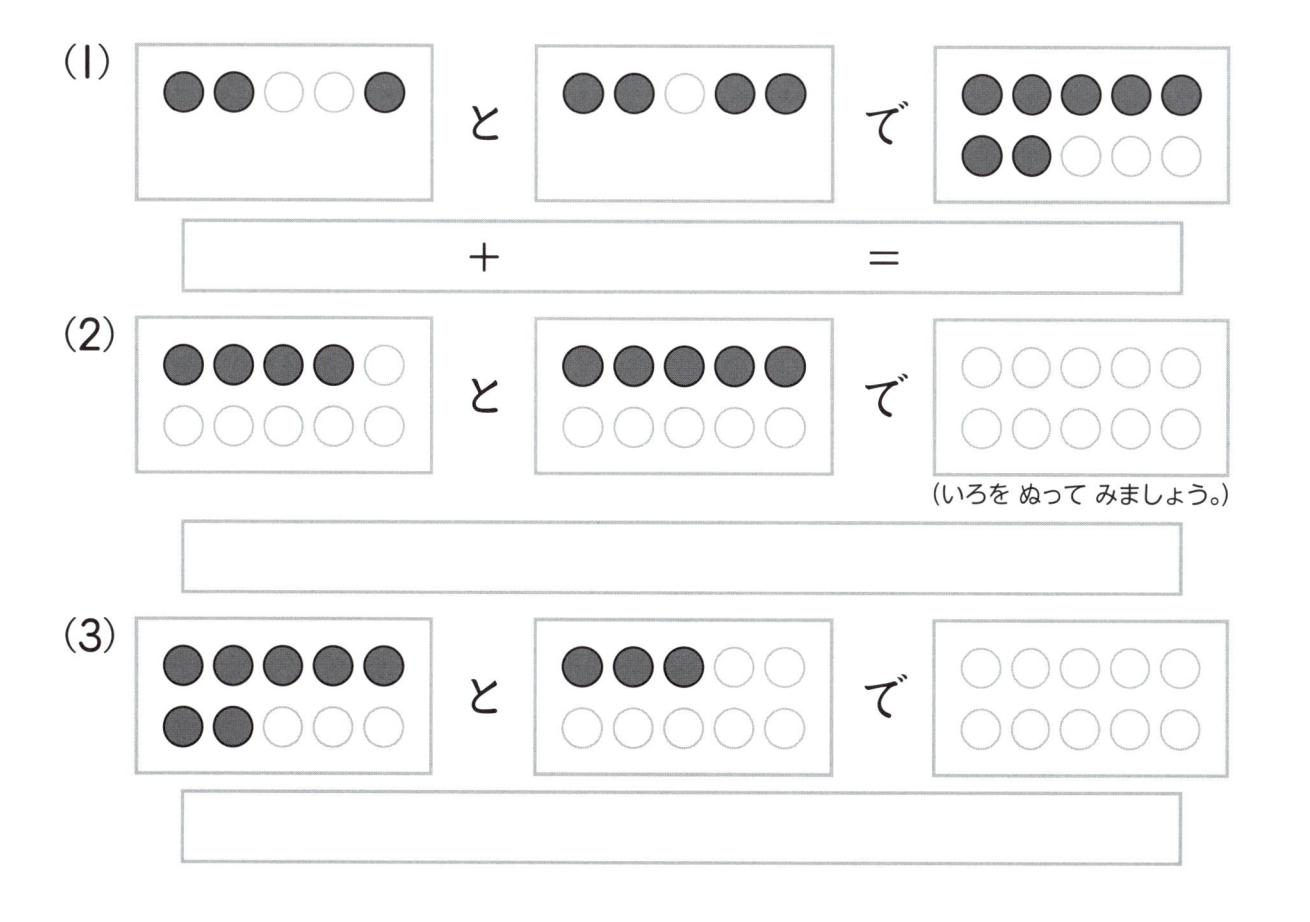

(1) 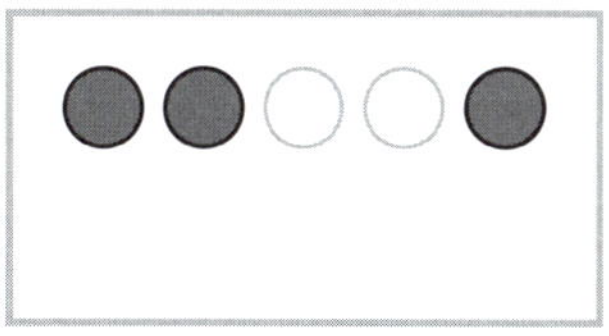 と 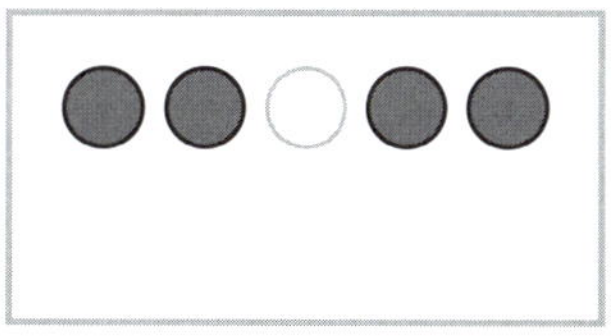 で 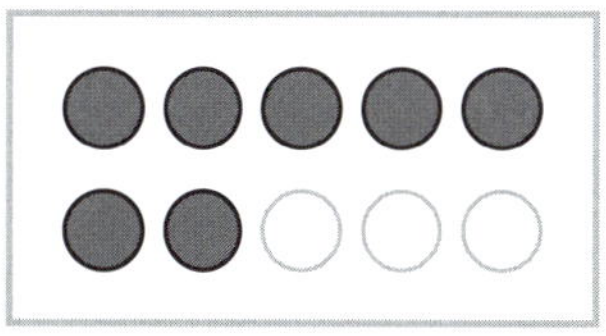

＋　＝

(2) 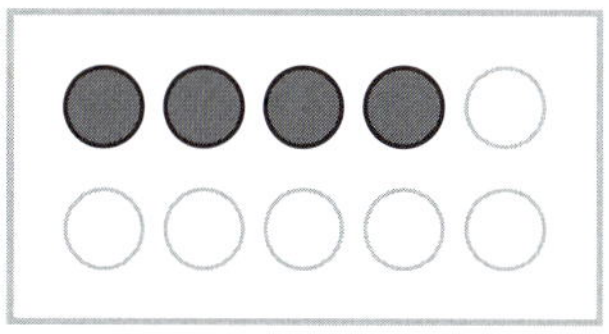 と 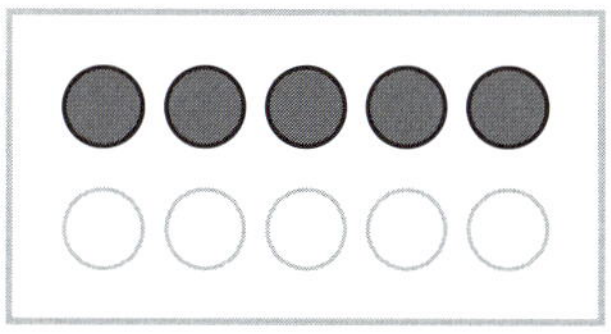 で 

（いろを ぬって みましょう。）

(3) 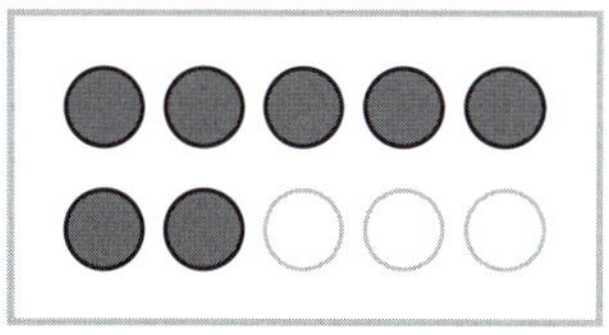 と 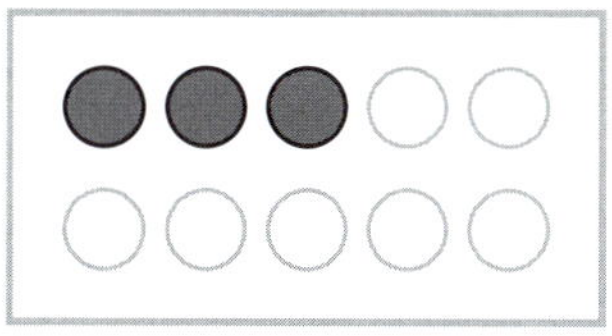 で 

しきで たしざん

おうちのかたへ

〔れい〕では、4＋2＝6の 6を おぼえて おいて、右がわを けいさんしましょう。たんききおくの 力が たかまります。

1 こたえが おなじに なる ものを、せんで むすびましょう。

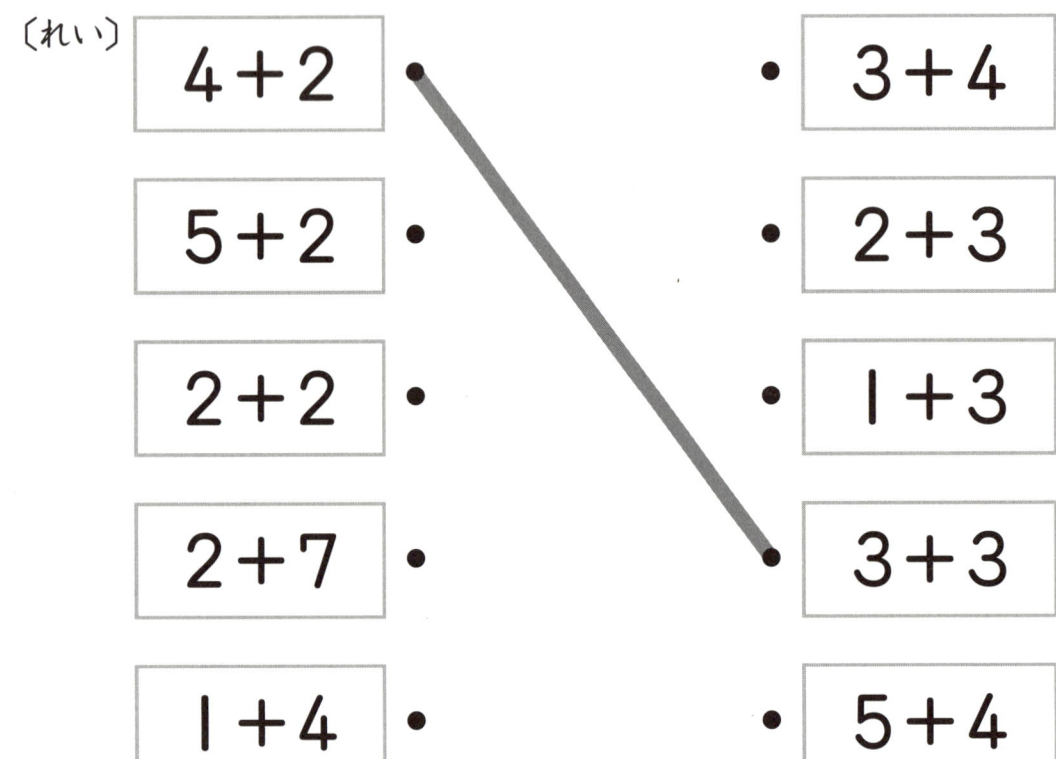

〔れい〕	4＋2 ・	・ 3＋4
	5＋2 ・	・ 2＋3
	2＋2 ・	・ 1＋3
	2＋7 ・	・ 3＋3
	1＋4 ・	・ 5＋4

2 〔れい〕を 見て あいて いる ところに かずを かきましょう。

〔れい〕

8	
3	5

(1)

10	
2	

(2)

6	
1	

(3)

3	4

(4)

8	
4	

(5)

9	
	5

3 (1) こたえが 5に なる たしざんの しきを 2つ
かきましょう。

1 ＋ 4 ＝ 5　　2 ＋ □ ＝ 5

(2) こたえが 8に なる たしざんの しきを 4つ
かきましょう。

□ ＋ □ ＝ 8　　□ ＋ □ ＝ 8

□ ＋ □ ＝ 8　　□ ＋ □ ＝ 8

4 すう字の しきを かきましょう。

(1) 3と 4で 7に なります。

　＋　＝

(2) 6と 4を あわせて 10です。

□

5 もんだいを しきに かいて こたえましょう。

(1) 5本の えんぴつと、4本の えんぴつを
あわせると なん本に なりますか。

〔しき〕 □ ＋ □ ＝ □　　こたえ □ 本

(2) いろがみを 3まい もって います。
ともだちから 4まい もらうと、
あわせて なんまいに なりますか。

〔しき〕 □ ＋ □ ＝ □　　こたえ □ まい

しきで たしざん

れいだい

おうちのかたへ

はやく おわらせるよりも 1つ1つ 正かくに やる ことが たいせつです。「ゆっくり ていねいに やりましょう」と いって あげて ください。

1 こたえが おなじに なる ものを、せんで むすびましょう。

1+5 •	• 4+4
3+2 •	• 3+6
4+5 •	• 1+4
2+6 •	• 2+4
6+4 •	• 3+7

2 あいて いる ところに かずを かきましょう。

(1)

5	
3	

(2)

6	
1	

(3)

7	
	4

(4)

5	3

(5)

9	
7	

(6)

10	
	6

3

(1) こたえが 6 に なる たしざんの しきを 3 つ かきましょう。

□ ＋ □ ＝ 6　　□ ＋ □ ＝ 6

□ ＋ □ ＝ 6

(2) こたえが 10 に なる たしざんの しきを 5 つ かきましょう。

□ ＋ □ ＝10　　□ ＋ □ ＝10

□ ＋ □ ＝10　　□ ＋ □ ＝10

□ ＋ □ ＝10

4 もんだいを しきに かいて こたえましょう。

(1) 男の子が 4 人 います。そこに 女の子が 5 人 やって きました。ぜんぶで なん人ですか。

〔しき〕 □ ＋ □ ＝ □　　こたえ □ 人

(2) ふでばこに えんぴつが 5 本 あります。そして、ペン立てには えんぴつが 4 本 あります。えんぴつは あわせて なん本ですか。

〔しき〕 □ ＋ □ ＝ □　　こたえ □ 本

(3) 赤い 玉が 2 こと きいろい 玉が 8 こ あります。玉は ぜんぶで なんこですか。

〔しき〕 □ ＋ □ ＝ □　　こたえ □ こ

しきで たしざん

れんしゅう

おうちのかたへ

このページは 子どもだけで やらせて ください。ほとんど あって いたら、ほめて あげて くださいね。

1 こたえが おなじに なる ものを、せんで むすびましょう。

6+2 •	• 3+6
3+4 •	• 2+2
1+3 •	• 7+1
2+7 •	• 4+1
3+2 •	• 5+2

2 あいて いる ところに かずを かきましょう。

(1)

5	
1	

(2)

10	
	3

(3)

8	
5	

(4)

7	
2	

(5)

9	
4	

(6)

6	
3	

3 (1) こたえが 7 に なる たしざんの しきを 3 つ
かきましょう。

□ ＋ □ ＝ 7　　□ ＋ □ ＝ 7

□ ＋ □ ＝ 7

(2) こたえが 9 に なる たしざんの しきを 4 つ
かきましょう。

□ ＋ □ ＝ 9　　□ ＋ □ ＝ 9

□ ＋ □ ＝ 9　　□ ＋ □ ＝ 9

4 もんだいを しきに かいて こたえましょう。

(1) すずめが 5 わ いました。そこに 3 わ やって きました。
ぜんぶで なんわに なりましたか。

〔しき〕 □ ＋ □ ＝ □　　こたえ □ わ

(2) りんごが 4 こ ありました。きょう やおやさんで 3 こ
かいました。ぜんぶで なんこに なりましたか。

〔しき〕 □ ＋ □ ＝ □　　こたえ □ こ

(3) まみさんは いろがみを 2 まい もって いました。おかあさんから 6 まい もらいました。いろがみは なんまいに なりましたか。

〔しき〕 □ ＋ □ ＝ □　　こたえ □ まい

ひきざん

「たす」は合わせること、「ひく」は取り除くこと。
はじめは、かぞえながらひきます。
たすときは、次の数からかぞえはじめ、ひくときも１つ手前の数からかぞえていきます。それを理屈で子どもに説明しても、この時期にはわかりません。○をぬりながら自然と身につけてもらうことが大切です。
「かぞえてひきざん」の単元は、大きな声を出しながら、指を折りながらかぞえさせてください。
「しきでひきざん」は、5と10をもとにして考える練習をします。
また、それぞれの数を分けることを学習します。
ひきざんでこまっているようでしたら、「けいさんカード」を使って、たしざんを何度も練習させてあげてください。2 ＋ 6 ＝ 8に慣れると、8 － 2 ＝ 6や8 － 6 ＝ 2の計算がスムーズになります。

かぞえて ひきざん

おうちのかたへ

1では 左がわの ●から どれを とりのぞくかを 目で 見てから かぞえるように アドバイスを して あげて ください。

1 左の いろまるから 右の いろまるを とった のこりの まるを ぬりましょう。また それは なんこでしょう。

(1) 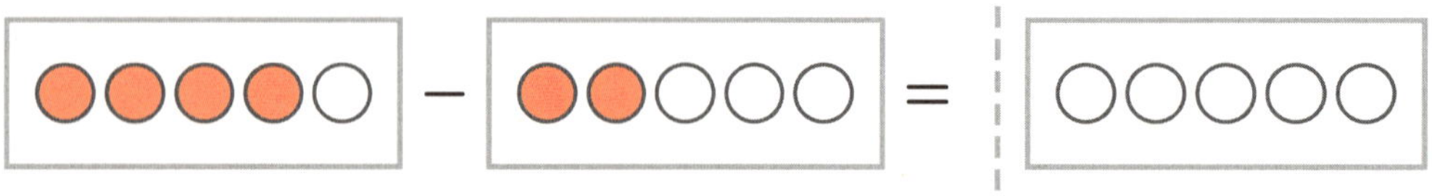 （　　）こ

(2) 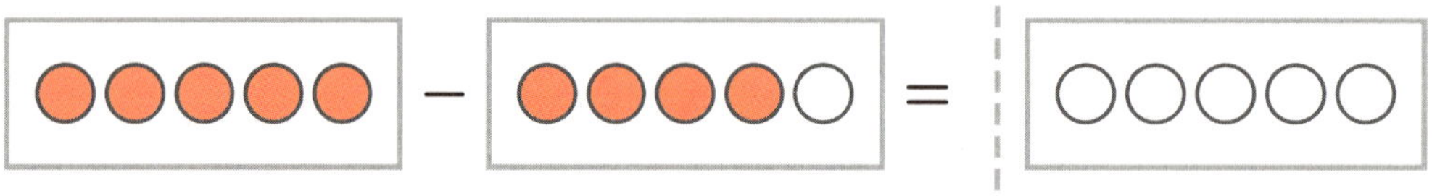 （　　）こ

(3) 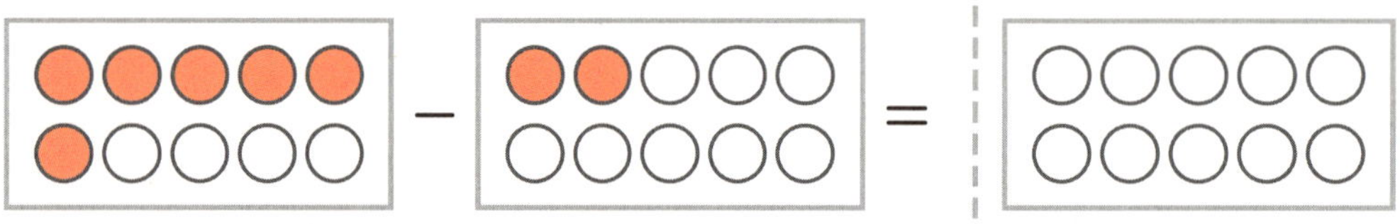 （　　）こ

(4) 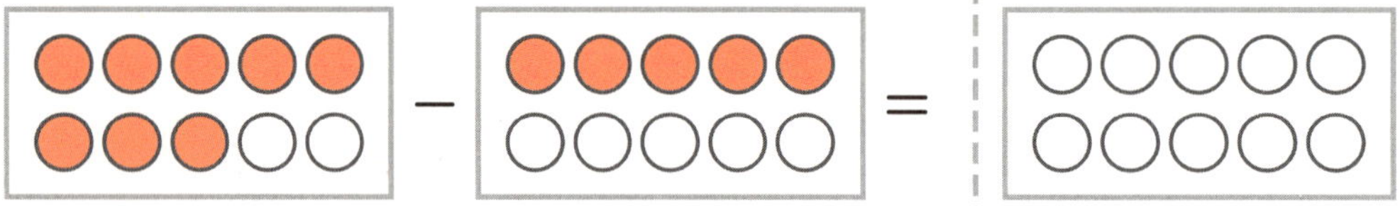 （　　）こ

(5) 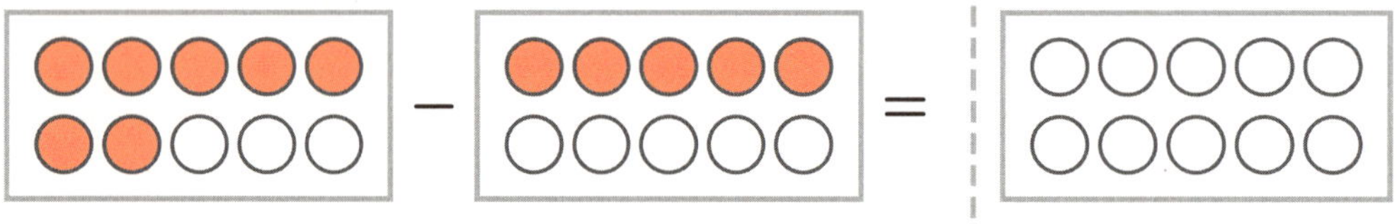 （　　）こ

(6) 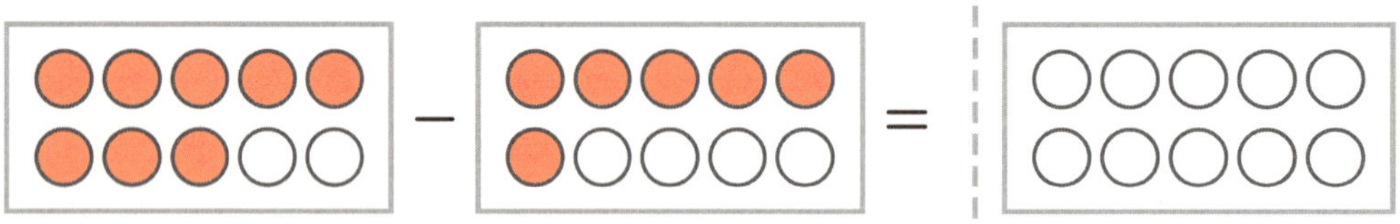 （　　）こ

(7) 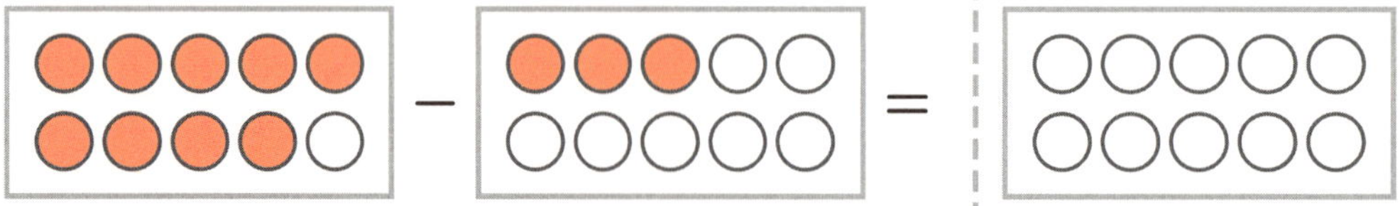 （　　）こ

(8) 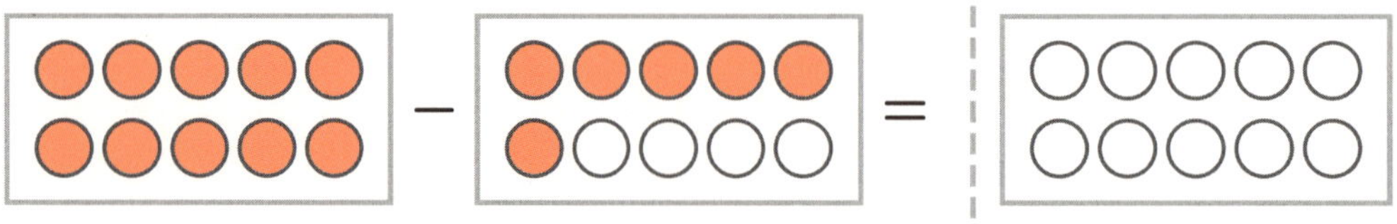 （　　）こ

2 〔れい〕のように して といて みましょう。

〔れい〕バナナが 5本 ありました。3本 たべました。のこりは なん本でしょう。

2 本

(1) みかんが 6 こ ありました。4 こ たべました。
のこりは なんこでしょう。

※せんを ひいた のこりを
かぞえましょう。

こ

(2) すずめが 8 わ とまって いました。3 わ とんで いって しまいました。のこりは なんわでしょう。

わ

(3) カエルが 10 ぴき いました。しばらくすると 7 ひき にげて しまいました。のこりは なんびきでしょう。

びき

(4) ケーキが 7 こ ありました。たべた あとで 4 こ のこって いました。なんこ たべたのでしょう。

こ

かぞえて ひきざん

れいだい

おうちのかたへ

②では すくなく なる かずを 右から／で けして みましょう。5を もとに した かずの とらえかたの れんしゅうです。

1 左の いろまるから 右の いろまるを とった のこりの まるを ぬりましょう。また それは なんこでしょう。

(1)	●●●○○	−	●○○○○	=	○○○○○	(　　)こ
(2)	●●●●○	−	●●●○○	=	○○○○○	(　　)こ
(3)	●●●●● ●○○○○	−	●●●●○ ○○○○○	=	○○○○○ ○○○○○	(　　)こ
(4)	●●●●● ●●●●○	−	●●●○○ ○○○○○	=	○○○○○ ○○○○○	(　　)こ
(5)	●●●●● ●●○○○	−	●●○○○ ○○○○○	=	○○○○○ ○○○○○	(　　)こ
(6)	●●●●● ●●●○○	−	●●●●○ ○○○○○	=	○○○○○ ○○○○○	(　　)こ
(7)	●●●●● ●●●●●	−	●●●○○ ○○○○○	=	○○○○○ ○○○○○	(　　)こ
(8)	●●●●● ●●●●●	−	●●●●● ●○○○○	=	○○○○○ ○○○○○	(　　)こ

2 えを 見て こたえましょう。

(1) りすが 7 ひき いました。3 びきが にげて しまいました。のこりは なんびきでしょう。

□ ひき

(2) いちごが 8 こ ありました。6 こを たべました。のこりは なんこでしょう。

□ こ

(3) えんぴつが 6 本 ありました。3 本を つかいきって しまいました。なん本 のこって いますか。

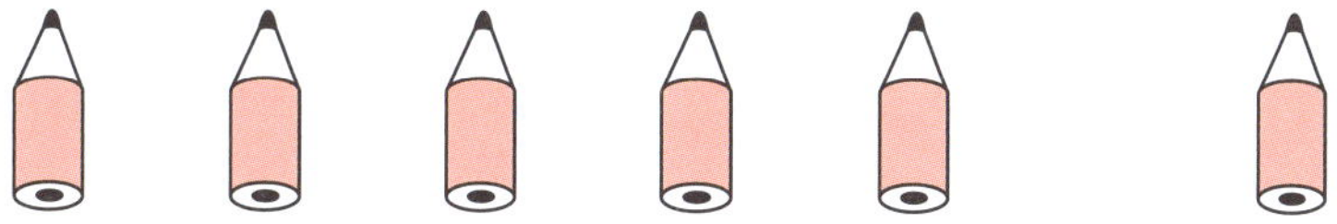

□ 本

(4) はがきが 10 まい ありました。つかった あとで 6 まい のこって いました。なんまい つかったのでしょう。

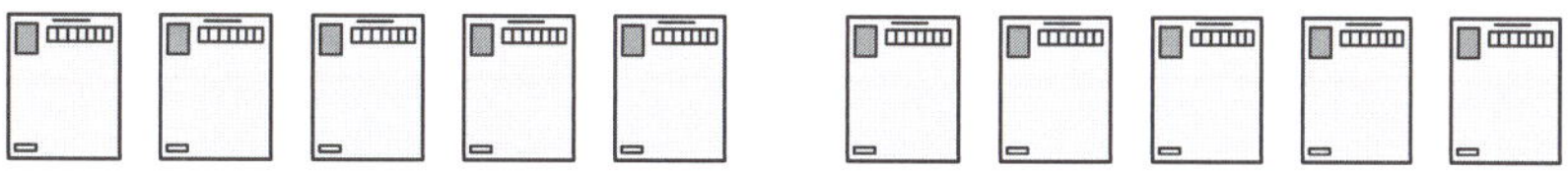

□ まい

(5) パンジーの 花が 9 こ さいて いました。しばらくして 4 こは まだ さいて いました。かれて しまったのは なんこですか。

□ こ

かぞえて ひきざん

れんしゅう

おうちのかたへ

子どもは、ひく かずを ／で けす さぎょうを くりかえす ことで「ひく」ことを りかいして いきます。いそがせないように して ください。

1

左の いろまるから 右の いろまるを とった のこりの まるを ぬりましょう。また それは なんこでしょう。

(1) ●●●●○ − ●●○○○ = ○○○○○ (　　)こ

(2) ●●●●● − ●●●○○ = ○○○○○ (　　)こ

(3) ●●●●●
●○○○○ − ●●●●●
○○○○○ = ○○○○○
○○○○○ (　　)こ

(4) ●●●●●
●●●○○ − ●●●○○
○○○○○ = ○○○○○
○○○○○ (　　)こ

(5) ●●●●●
●●○○○ − ●●●●○
○○○○○ = ○○○○○
○○○○○ (　　)こ

(6) ●●●●●
●●●●○ − ●●●●●
●●○○○ = ○○○○○
○○○○○ (　　)こ

(7) ●●●●●
●●●○○ − ●●●●●
●○○○○ = ○○○○○
○○○○○ (　　)こ

(8) ●●●●●
●●●●● − ●●●●●
●○○○○ = ○○○○○
○○○○○ (　　)こ

2 えを 見て こたえましょう。

(1) りんごが 8こ ありました。5こ たべました。のこりは なんこでしょう。

□ こ

(2) かえるが 6ぴき いました。2ひき にげて しまいました。のこりは なんびきでしょう。

□ ひき

(3) おりがみが 9まい ありました。3まい つかいました。まだ つかって いない おりがみは なんまいでしょう。

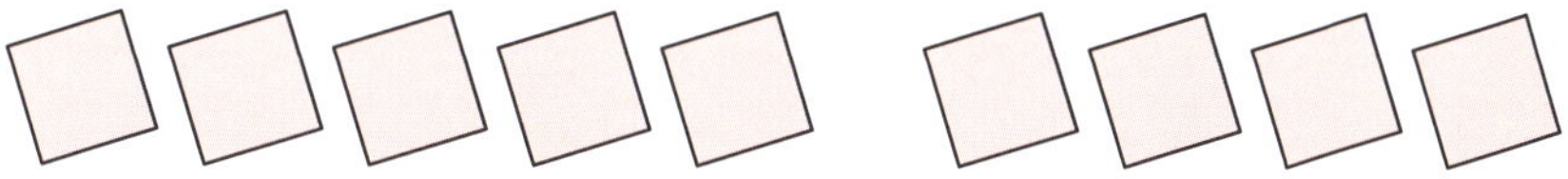

□ まい

(4) せみが 木に 10ぴき とまって いました。1じかん たってから 見ると 4ひきに なって いました。なんびき へったのでしょう。

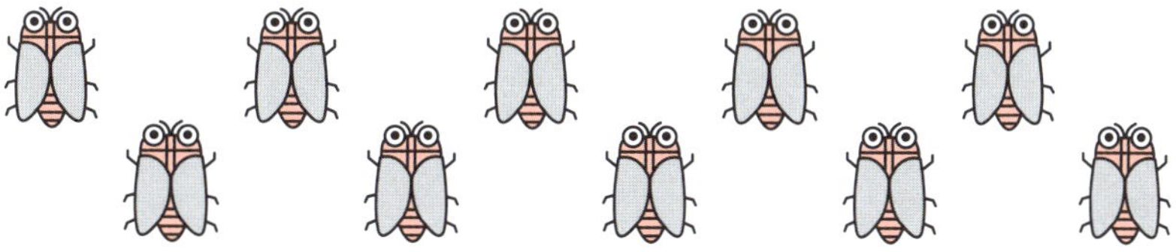

□ ぴき

(5) あめを おかあさんから 8こ もらいました。いもうとに 3こ あげました。のこりは なんこでしょう。

□ こ

しきで ひきざん

おうちのかたへ
ひきざんは たしざんの うらがえしです。この ページで つまずく ときは、たしざんの ページを ふくしゅうさせて ください。

1 □に あう かずを かきましょう。

(1) 6 は 3 と 3

(2) 7 は 5 と 2

(3) 9 は □ と 2

(4) 8 は 2 と □

(5) 7 と 1 の ちがいは □

(6) 6 から 2 を ひくと □

(7) 5 から □ を ひくと 4

2 こたえが おなじに なる ものを せんで むすびましょう。

9－5 ・	・ 5－2
5－3 ・	・ 9－4
7－2 ・	・ 7－3
8－2 ・	・ 4－2
7－4 ・	・ 7－1

3 □に あう かずを かきましょう。

(1) 6 ＋ [3] ＝ 9　　(2) 9 − 6 ＝ [3]

(3) 5 ＋ □ ＝ 7　　(4) 7 − 5 ＝ □

(5) □ ＋ 9 ＝ 10　　(6) 10 − □ ＝ 9

(7) 2 ＋ □ ＝ 6　　(8) 6 − 2 ＝ □

(9) 8 − 4 ＝ □　　(10) 7 − 3 ＝ □

4 つぎの もんだいを しきを かいて こたえましょう。

(1) よしこさんは 7 さいで おねえさんは 9 さいです。2 人は なんさい ちがいますか。

〔しき〕 [9] − [7] ＝ [2]　　こたえ [2] さい

(2) にわの 木に かきの みが 8 こ なって いました。からすが とんで きて 5 こ たべて しまいました。かきの みは なん こ のこって いますか。

〔しき〕 □ − □ ＝ □　　こたえ □ こ

(3) みかんが 9 こ ありました。さやかさんが なんこか たべた あと かぞえると 2 こに なって いました。さやかさんは なんこ たべましたか。

〔しき〕 □　　こたえ □ こ

しきで ひきざん

れいだい

おうちのかたへ

とく スピードは、子どもに よって まちまちです。ていねいに かんがえるよう アドバイスを おねがいします。

1 □に あう かずを かきましょう。

(1) 7 は □ と 3

(2) 9 は 4 と □

(3) 6 は 2 より □ 大きい

(4) 3 は 5 より □ 小さい

(5) 10 は □ より 3 大きい

(6) 7 は 1 より □ 大きい

(7) 9 から 3 を ひくと □

(8) 8 から □ を ひくと 2

2 こたえが おなじに なる ものを せんで むすびましょう。

4−1 •	• 7−1
5−4 •	• 9−4
9−3 •	• 9−1
8−3 •	• 8−7
10−2 •	• 10−7

3 □に あう かずを かきましょう。

(1) 5 ＋ □ ＝ 7　　(2) □ ＋ 8 ＝ 9

(3) 2 ＋ □ ＝ 10　　(4) □ ＋ 3 ＝ 10

(5) □ ＋ 6 ＝ 8　　(6) 2 ＋ □ ＝ 4

(7) 8 − 6 ＝ □　　(8) 4 − 2 ＝ □

(9) 10 − □ ＝ 7　　(10) □ − 8 ＝ 2

4 つぎの もんだいを しきを かいて こたえましょう。

(1) おりがみを 9 まい もって いました。ともだちに 4 まい あげました。なんまい のこりましたか。

〔しき〕 □ − □ ＝ □　　こたえ □ まい

(2) 赤い あさがおが 8 つ さいて います。青い あさがおが 5 つ さいて います。どちらが いくつ おおいですか。

〔しき〕 □

こたえ （　　　） あさがお が □ つ おおい

(3) たけおくんは 10 本の えんぴつを もって いました。ともだちに 7 本 あげました。なん本 のこって いますか。

〔しき〕 □　　こたえ □ 本

しきで ひきざん

れんしゅう

おうちのかたへ
このページは、子どもだけで やらせて みて ください。どの かずで こまって いるのかを 見て あげて ください。

1 □に あう かずを かきましょう。

(1) 3 は 1 と □

(2) 5 は □ と 2

(3) 7 は 5 より □ 大きい

(4) 9 は □ より 5 大きい

(5) 6 は □ より 4 大きい

(6) □ は 6 より 2 大きい

(7) 10 から 3 を ひくと □

(8) 9 から □ を ひくと 1

2 こたえが おなじに なる ものを せんで むすびましょう。

3−2 •	• 9−5
6−3 •	• 8−2
8−4 •	• 5−4
7−1 •	• 10−2
9−1 •	• 10−7

3 □に あう かずを かきましょう。

(1) $4 + \square = 6$　　(2) $6 - \square = 4$

(3) $2 + \square = 7$　　(4) $7 - 2 = \square$

(5) $7 - 3 = \square$　　(6) $7 - \square = 3$

(7) $10 - 6 = \square$　　(8) $10 - \square = 6$

(9) $\square - 3 = 7$　　(10) $3 + 7 = \square$

4 つぎの もんだいを しきを かいて こたえましょう。

(1) よしこさんは 赤い おりがみを 9 まいと 青い おりがみを 4 まい もって います。どちらの おりがみが なんまい おおいですか。

〔しき〕 $\square - \square = \square$

こたえ □おりがみ が □ まい おおい

(2) りんごが 10 こ ありました。かぞくで 6 こ たべました。りんごは なんこ のこって いますか。

〔しき〕 □　　こたえ □ こ

(3) つばめが 8 わ でんせんに とまって いました。なんわか とんで いったので 3 わに なって しまいました。なんわ とんで いきましたか。

〔しき〕 □　　こたえ □ わ

10を
こえる かず

10をこえる数の計算は、10よりいくつ多いか少ないかを考えることからはじまります。
10よりいくつ多いかは、一の位だけを見ればよいわけですから、子どもはすぐに理解します。
ところが、12－5のようなひきざんには手こずるのが普通です。12－5を10－5＋2と考えることもできますし、5を2と3に分けて、12－2－3と考えることもできます。そして、両方とも大切な考え方です。
これらの考え方に慣れてもらうために、10円・5円・1円硬貨を用意して、つけたしたり取り除いたりさせてください。
数を自由に操作できるようになることが、この単元で一番大切なことです。

10を こえる かず

おうちのかたへ

10を こえる かずは、10の まとまりを 見つけて その つぎの 11から かぞえるように しましょう。

1 □に あう かずを かきましょう。

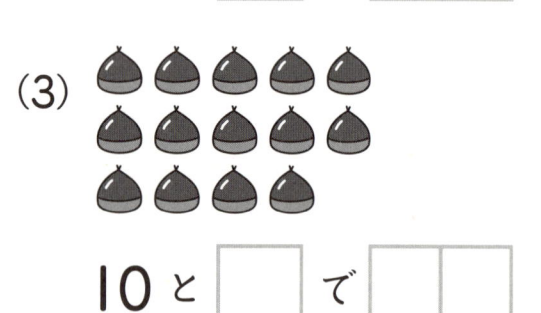

(1)

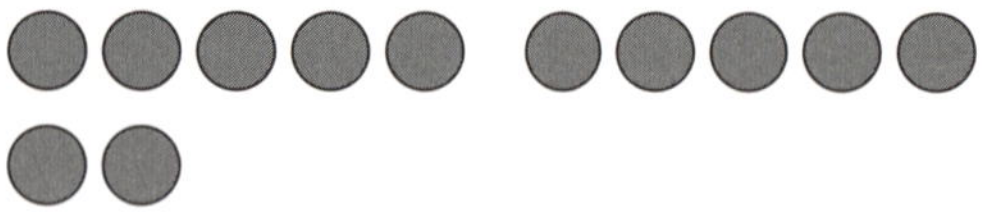

10と [2] で [1][2]

(2)

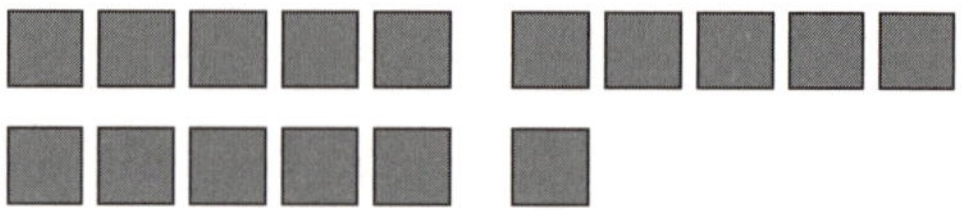

10と [6] で [1][6]

(3)

10と [ ] で [ ][ ]

(4)

10と [ ] で [ ][ ]

2 かずの せんを 見て、つぎの かずを かきましょう。

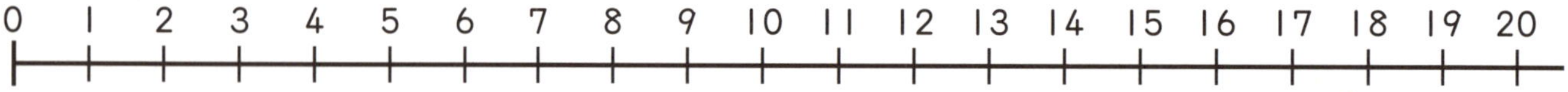

(1) 10より 3 大きい かず。 [13]

(2) 10より 4 小さい かず。 [ ]

(3) 12より 5 大きい かず。 [ ]

(4) 16より 4 小さい かず。 [ ]

(5) 20より 6 小さい かず。 [ ]

(6) 8より 7 大きい かず。 [ ]

3 □に あう かずを かきましょう。

(1) 11 − 12 − [13]

(2) 16 − [17] − 18

(3) 20 − 19 − [18]

(4) 14 − □ − 12

(5) 9 − □ − □ − 12

(6) 18 − □ − □ − 15

(7) 7 − □ − □ − 10 − □ − 12 − □ − 14

(8) 15 − □ − □ − 12 − 11 − □ − 9 − □

4 □に あう かずを かきましょう。

(1) 18は 10より □ 大きい。

(2) 10より 6 大きい かずは □ 。

(3) 6より □ 大きい かずは 10。

(4) □ より 3 大きい かずは 10。

(5) 15は 10より □ 大きい。

(6) 10は 7より □ 大きい。

(7) 7より □ 大きい かずは 15。

れいだい

おうちのかたへ

4は、2の「かずの せん」を 見たり、おはじきを かぞえても かまいません。

1 □に あう かずを かきましょう。

(1) ▲▲▲▲▲ ▲▲▲
▲▲▲▲▲

10と □ で □□

(2) ◎◎◎◎◎ ◎◎◎◎◎
◎◎◎◎◎ ◎◎

10と □ で □□

(3)

10と □ で □□

(4)

10と □ で □□

2 かずの せんを 見て、つぎの かずを かきましょう。

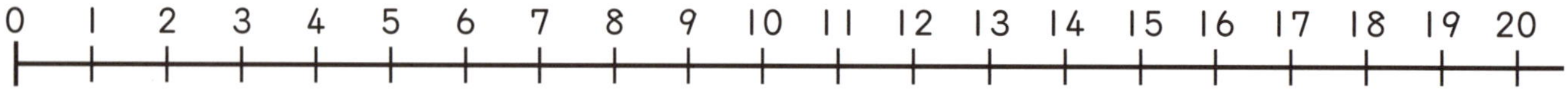

(1) 10より 8 大きい かず。 18

(2) 10より 6 小さい かず。 4

(3) 11 より 6 大きい かず。 □

(4) 19 より 5 小さい かず。 □

(5) 9 より 3 大きい かず。 □

(6) 13 より 5 小さい かず。 □

3 □に あう かずを かきましょう。

(1) 8 − □ − □ − 11　　(2) 13 − 12 − □ − □ − 9

(3) □ − 7 − □ − 9 − □ − □ − 12

(4) 16 − □ − 14 − □ − 12 − □ − 10

(5) 4 − □ − □ − 7 − 8 − □ − □ − □ − 12 − □ − 14 − □

(6) 17 − 16 − □ − □ − 13 − 12 − □ − 10 − □ − □ − 7 − □

4 □に あう かずを かきましょう。

(1) 16は 10より □ 大きい。

(2) 10より 8大きい かずは □。

(3) 2より □ 大きい かずは 10。

(4) □ より 7 大きい かずは 10。

(5) 7より □ 大きい かずは 10。

(6) 10より □ 大きい かずは 15。

(7) 7より □ 大きい かずは 15。

10を こえる かず

れんしゅう

おうちのかたへ

ここは、10を こえる かずを かぞえる れんしゅうです。2 (5)の「8 より 7 大きい かず」は、9 から 7つ かぞえるように アドバイスして ください。

1 □に あう かずを かきましょう。

(1) ●●●●● ●●●●●
●●●●

10と □ で □□

(2) ◎◎◎◎◎ ◎◎◎◎◎
◎◎◎◎◎ ◎◎◎◎

10と □ で □□

(3) 

10と □ で □□

(4) 

10と □□ で □□

2 かずの せんを 見て、つぎの かずを かきましょう。

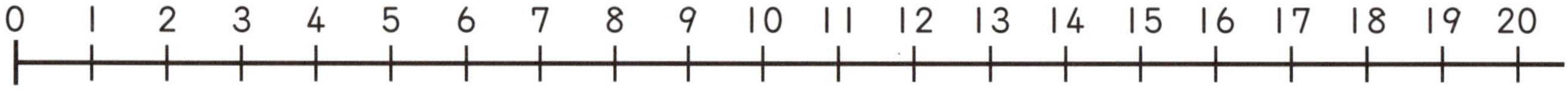

(1) 10より 10 大きい かず。 □

(2) 10より 10 小さい かず。 □

(3) 12より 5 大きい かず。 □

(4) 18より 7 小さい かず。 □

(5) 8より 7 大きい かず。 □

(6) 17より 9 小さい かず。 □

3 □に あう かずを かきましょう。

(1) 17 − □ − 19 − □

(2) 20 − □ − □ − 17

(3) 7 − □ − □ − 10 − □

(4) 12 − □ − □ − 9 − □

(5) 5 − □ − □ − □ − 9 − 10

(6) 14 − □ − 12 − □ − □ − 9

(7) □ − 7 − 8 − □ − □ − 11 − 12 − □ − 14

(8) □ − □ − 13 − □ − 11 − □ − 9 − 8 − □

4 □に あう かずを かきましょう。

(1) 17は 12より □ 大きい。

(2) 12より 5 小さい かずは □。

(3) 5より □ 大きい かずは 13。

(4) □ より 6 小さい かずは 7。

(5) 16より □ 小さい かずは 11。

(6) 11より □ 小さい かずは 8。

(7) 16より □ 小さい かずは 8。

10を こえる たしざん

おうちのかたへ

1 を じぶんで やって みて うまく できない ときには おはじきなどで 10を つくる れんしゅうを させて ください。

1 □に あう かずを かきましょう。

(1) 7＋8の けいさんを します。

たす かずの 8を 3 と 5 に わけます。

はじめの かずの 7と 3 を あわせて 10。

10に のこりの 5 を たして

こたえは □ に なります。

(2) 8＋6の けいさんを します。

はじめの かずの 8を 4 と □ に わけます。

たす かずの 6と □ を あわせて 10。

10に のこりの □ を たして

こたえは □ に なります。

2 □に あう かずを かきましょう。

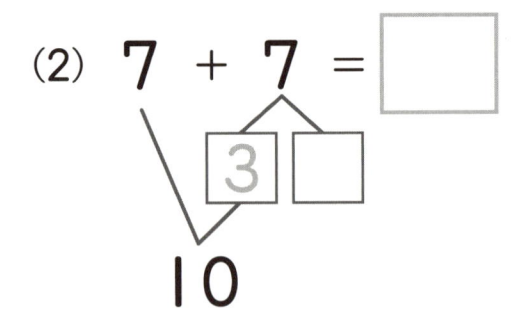

(1) 5 ＋ 9 ＝ 14

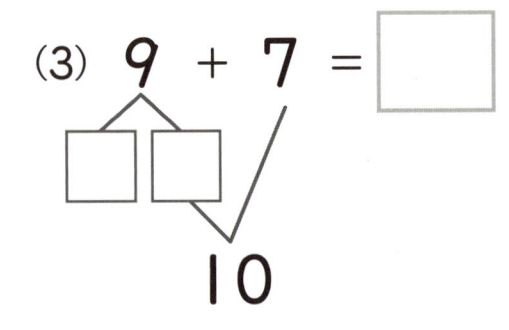

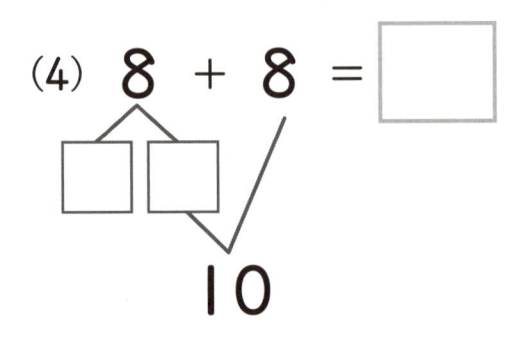

5 4

10

(2) 7 ＋ 7 ＝ □

3 □

10

(3) 9 ＋ 7 ＝ □

□ □

10

(4) 8 ＋ 8 ＝ □

□ □

10

3 つぎの たしざんを しましょう。

(1) $8+6=$ 14　　(2) $7+6=$ □

(3) $9+3=$ □　　(4) $11+4=$ □

(5) $5+6=$ □　　(6) $4+8=$ □

4 こたえが おなじに なる ものを せんで むすびましょう。

7+7	7+9	4+7	9+3	9+4
8+6	6+5	7+6	6+6	8+8

5

(1) どうぶつえんに くまが 8 とうと らいおんが 7 とう います。あわせると なんとうに なりますか。

〔しき〕 8 + 7 =　　こたえ □ とう

(2) 子どもが 9 人で あそんで いました。そこに 4 人の 子どもが あそびに やって きました。ぜんぶで なん人に なりましたか。

〔しき〕 □　　こたえ □ 人

10を こえる たしざん

れいだい

おうちのかたへ

3で つまずいて いるようでしたら、1の ように アドバイスして あげて ください。

1 □に あう かずを かきましょう。

(1) 9 ＋ 6 の けいさんを します。

たす かずの 6 を [1] と [5] に わけます。

はじめの かずの 9 と [1] を あわせて 10。

10に のこりの □ を たして

こたえは □ に なります。

(2) 7 ＋ 9 の けいさんを します。

はじめの かずの 7 を [1] と □ に わけます。

たす かずの 9 と [1] を あわせて 10。

10に のこりの □ を たして

こたえは □ に なります。

2 □に あう かずを かきましょう。

(1) 6 ＋ 7 ＝ □

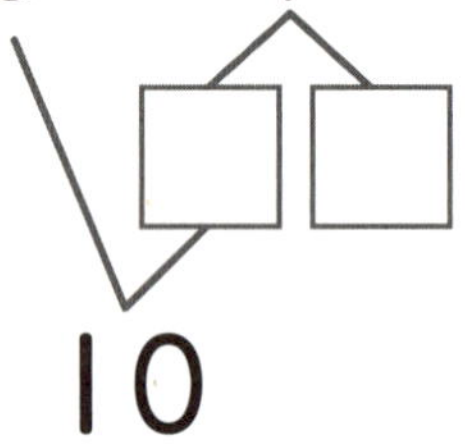

(2) 8 ＋ 6 ＝ □

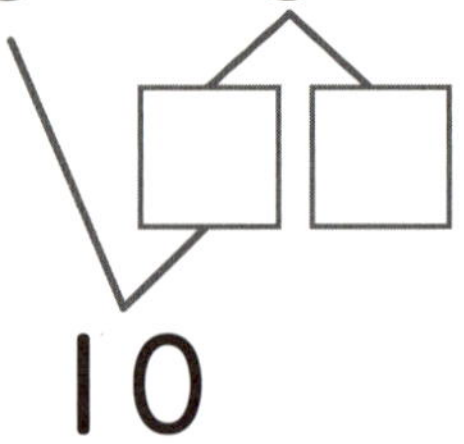

(3) 7 ＋ 9 ＝ □

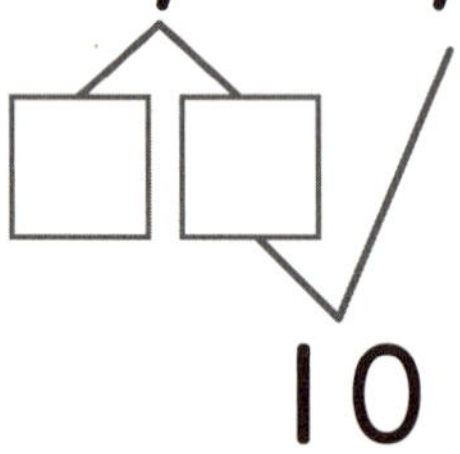

(4) 7 ＋ 8 ＝ □

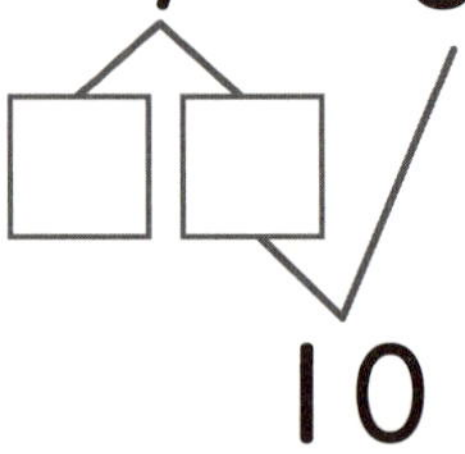

3 つぎの たしざんを しましょう。

(1) 7＋8＝□　　(2) 6＋7＝□

(3) 9＋5＝□　　(4) 4＋9＝□

(5) 6＋8＝□　　(6) 5＋6＝□

4 こたえが おなじに なる ものを せんで むすびましょう。

7+5	9+6	8+8	4+7	9+9
●	●	●	●	●
●	●	●	●	●
7+9	1+10	10+8	6+6	8+7

5 (1) はなこさんは おはじきを 7こ もって いました。おかあさんから 5こ もらいました。おはじきは ぜんぶで なんこに なりましたか。

〔しき〕□　　こたえ □ こ

(2) でんせんに つばめが 9わ とまって いました。そこに 6わ やって きました。つばめは ぜんぶで なんわに なりましたか。

〔しき〕□　　こたえ □ わ

10を こえる たしざん

れんしゅう

おうちのかたへ

6＋7＝13などの けっかも なんども くりかえすと しぜんに おぼえます。でも、むりに あんきさせないように して ください。

1 □に あう かずを かきましょう。

(1) 8＋7の けいさんを します。

7を □と □に わけます。

はじめの かずの 8と □を あわせて 10

10に のこりの □を たして

こたえは □に なります。

(2) 7＋5の けいさんを します。

7を □と □に わけます。

たす かずの 5と □を あわせて 10。

10に のこりの □を たして

こたえは □に なります。

2 □に あう かずを かきましょう。

(1) 7 ＋ 5 ＝ □

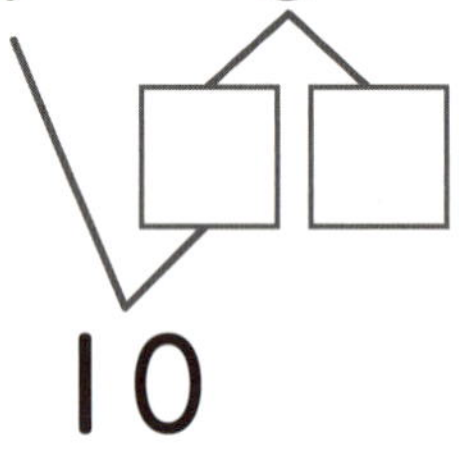

(2) 8 ＋ 9 ＝ □

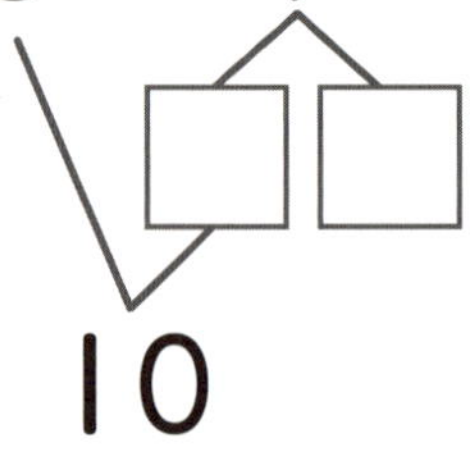

(3) 2 ＋ 9 ＝ □

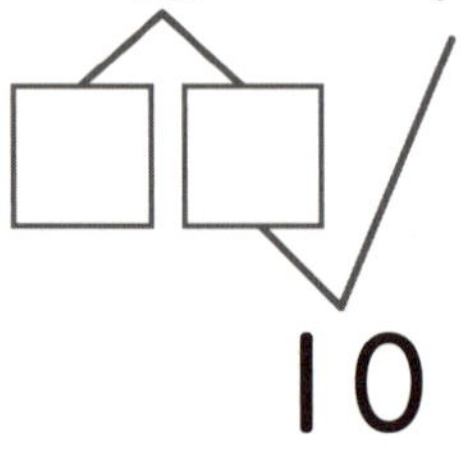

(4) 6 ＋ 8 ＝ □

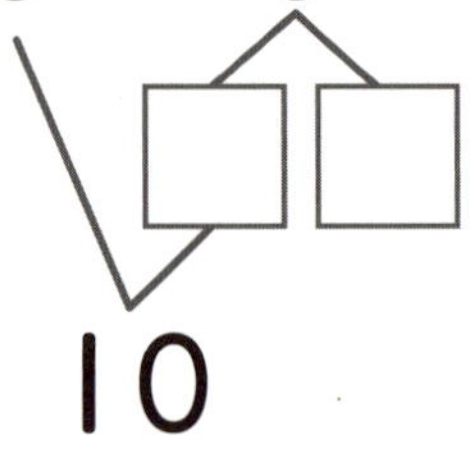

3 つぎの たしざんを しましょう。

(1) $12+6=$ □　　(2) $9+8=$ □

(3) $4+8=$ □　　(4) $7+5=$ □

(5) $6+7=$ □　　(6) $9+10=$ □

4 こたえが おなじに なる ものを せんで むすびましょう。

12+5	9+5	8+7	11+2	9+9
●	●	●	●	●
●	●	●	●	●
11+7	6+7	9+8	8+6	10+5

5 (1) りんごが 12 こ ありました。おとなりさんから 8 こ いただきました。りんごは ぜんぶで なんこに なりましたか。

〔しき〕 　　こたえ □ こ

(2) たろうくんが いちごを 8 こ たべました。じろうくんは いちごを 6 こ たべました。2 人 あわせて なんこ たべましたか。

〔しき〕 　　こたえ □ こ

10を こえる かず からの ひきざん

おうちのかたへ

10を こえる かずからの ひきざんの ほうほうは、1 2の 2とおり あります。2つの ほうほうに なれる ことが たいせつです。

1 □に あう かずを かきましょう。

(1) 15 − 8 を けいさんします。15 を 10 と ［5］ に わけます。

まず 10 から 8 を ひいて ［2］。これに 5 を たすと こたえです。

15 − 8 = 10 − ［8］ + ［5］ = ［7］

(2) 12 − 7 を けいさんします。12 を 10 と □ に わけます。

まず 10 から 7 を ひいて □。これに 2 を たすと こたえです。

12 − 7 = 10 − □ + □ = □

2 □に あう かずを かきましょう。

(1) 16 − 8 を けいさんします。8 を 6 と ［2］ に わけます。

まず 16 から 6 を ひいて ［10］。

ここから のこりの ［2］ を ひいて こたえです。

16 − 8 = 16 − 6 − ［2］ = ［8］

(2) 14 − 6 を けいさんします。6 を 4 と □ に わけます。

まず 14 から 4 を ひいて □。

ここから のこりの □ を ひいて こたえです。

14 − 6 = 14 − 4 − □ = □

3 まえの かずを わけて ひきざんを しましょう。

(1) 15 − 9 = 10 − 9 + 5 = 6

(2) 13 − 8 = 10 − 8 + 3 = □

(3) 11 − 5 = 10 − 5 + □ = □

(4) 14 − 6 = 10 − □ + □ = □

4 うしろの かずを わけて ひきざんを しましょう。

(1) 12 − 5 = 12 − 2 − 3 = 7

(2) 14 − 5 = 14 − 4 − 1 = □

(3) 11 − 9 = 11 − 1 − □ = □

(4) 17 − 8 = 17 − □ − □ = □

5 ひきざんを しましょう。

(1) 13 − 4　(2) 17 − 6　(3) 15 − 6

(4) 16 − 5　(5) 13 − 7　(6) 13 − 8

6 よしこさんは 8 さいで おねえさんは 12 さいです。2 人は なんさい ちがいますか。

〔しき〕 12−8=4　こたえ 4 さい

10を こえる かずからの ひきざん

れいだい

おうちのかたへ

4は、2つの ほうほうで かんがえさせて ください。かぞえて いないか 見て あげて ください。

1 □に あう かずを かきましょう。

(1) 11 − 8 を まえの かずを わけて けいさんします。

11 を 10 と □ に わけます。

まず □ から 8 を ひいて □。

これに □ を たすと こたえです。

11 − 8 = 10 − □ + □ = □

(2) 13 − 7 を うしろの かずを わけて けいさんします。

7 を 3 と □ に わけます。

まず 13 から 3 を ひいて □。

ここから のこりの □ を ひくと こたえです。

13 − 7 = 13 − □ − □ = □

2 まえの かずを わけて ひきざんを しましょう。

(1) 17 − 9 = 10 − 9 + □ = □

(2) 14 − 5 = 10 − □ + □ = □

3 うしろの かずを わけて ひきざんを しましょう。

(1) 11 − 5 = 11 − 1 − □ = □

(2) 12 − 8 = 12 − □ − □ = □

4 ひきざんを しましょう。

(1) 12 − 7　　(2) 17 − 2

(3) 14 − 6　　(4) 16 − 4

(5) 13 − 8　　(6) 11 − 4

(7) 16 − 7　　(8) 18 − 9

5 □に あう かずを かきましょう。

(1) 11 − □ = 5　　(2) 12 − □ = 9

(3) □ − 8 = 5　　(4) □ − 7 = 6

6 にわの かきの 木に みが 15こ なって いました。からすが とんで きて かきの みを 8こ たべて しまいました。かきの みは なんこ のこって いますか。

〔しき〕□　　こたえ □こ

7 バスに 13人 のって いました。ていりゅうじょで なん人か おりたので 5人に なりました。ていりゅうじょで なん人 おりたのでしょう。

〔しき〕□　　こたえ □人

10を こえる かずからの ひきざん

れんしゅう

おうちのかたへ

この ページは、子どもの 力だめしです。おうちの かたは、よこで 見て いるだけに して ください。まちがえなおしは、おうちの かたが いっしょに やって ください。

1 □に あう かずを かきましょう。

(1) 13 − 7 を まえの かずを わけて けいさんします。

13 を □ と □ に わけます。

まず 10 から □ を ひいて □。

これに □ を たすと こたえです。

13 − 7 = 10 − □ + □ = □

(2) 17 − 9 を うしろの かずを わけて けいさんします。

9 を □ と □ に わけます。

まず 17 から □ を ひいて 10。

ここから のこりの □ を ひくと こたえです。

17 − 9 = 17 − □ − □ = □

2 まえの かずを わけて ひきざんを しましょう。

(1) 11 − 3 = 10 − □ + □ = □

(2) 14 − 6 = 10 − □ + □ = □

3 うしろの かずを わけて ひきざんを しましょう。

(1) 17 − 8 = 17 − □ − □ = □

(2) 13 − 8 = 13 − □ − □ = □

4 ひきざんを しましょう。

(1) 13 − 8　　(2) 18 − 3

(3) 15 − 6　　(4) 16 − 5

(5) 14 − 9　　(6) 19 − 4

(7) 17 − 9　　(8) 19 − 7

5 □に あう かずを かきましょう。

(1) 10 − □ = 2　　(2) 13 − □ = 6

(3) □ − 7 = 5　　(4) □ − 3 = 9

6 まん中の かずから まわりの かずを ひきましょう

(1)

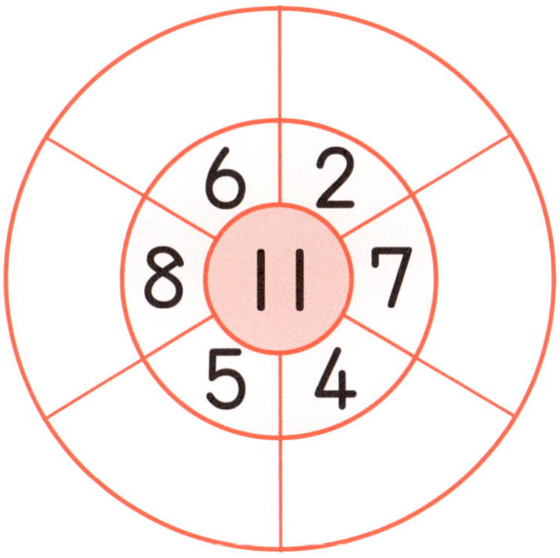

(2)

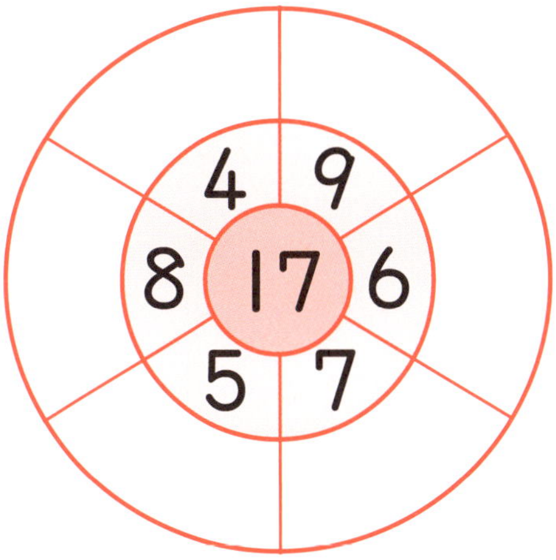

7 おりがみを 17 まい もって いました。ともだちに なんまいか あげたので 9 まいに なりました。ともだちに なんまい あげたのでしょう。

〔しき〕

こたえ　　まい

けいさん

３つの数のたしざんやひきざんは、ここまでの学習がよくわかっていてもつまずきやすい内容です。
答えを早く求めることを要求すると、これまでに身につけた５や10をもとにする考え方から離れて、おおざっぱな考え方やかぞえる方法にもどってしまいます。
子どもが自分のペースで考えるのを待ってあげてください。
順番を変えて計算（交換法則）することは、ここでは扱いません。
常に前から順番にやっていくことを求めてください。
これがおわる頃には、子ども自身が、「自分はできる子だ」という自己肯定感を高めているはずです。
「すごい！」「さすが！」というはげましの声もぜひかけてあげてください。

3つの かずの けいさん

おうちのかたへ

1つ1つの けいさんを じゅんを おって 正かくに やるように アドバイスして あげて ください。

1 つぎの けいさんを しましょう。

(1) 7 + 3 + 5 = 15

7 + 3 → 10　10 + 5 → 15

(2) 6 + 4 + 8 = □

6 + 4 → 10　10 + 8 → □

(3) 9 + 2 + 6 = □

9 + 2 → 11　11 + 6 → □

(4) 8 + 5 + 6 = □

8 + 5 → □　□ + 6 → □

2 つぎの けいさんを しましょう。

(1) 10 − 2 − 5 = 3

10 − 2 → 8　8 − 5 → 3

(2) 10 − 3 − 4 = □

10 − 3 → 7　7 − 4 → □

(3) 15 − 7 − 5 = □

15 − 7 → 8　8 − 5 → □

(4) 13 − 4 − 7 = □

13 − 4 → □　□ − 7 → □

3 つぎの けいさんを しましょう。

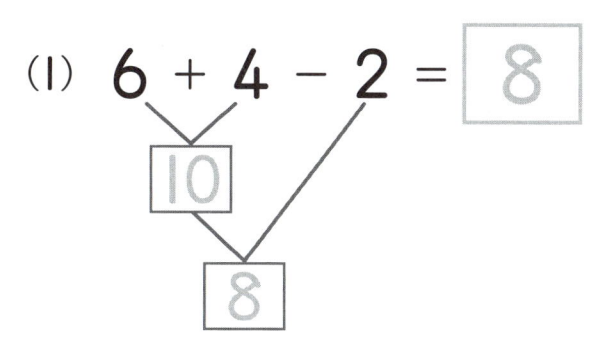

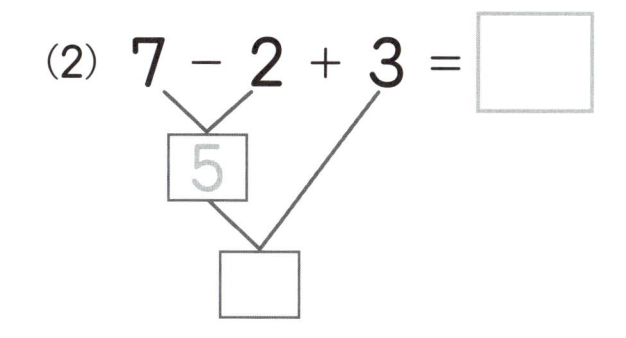

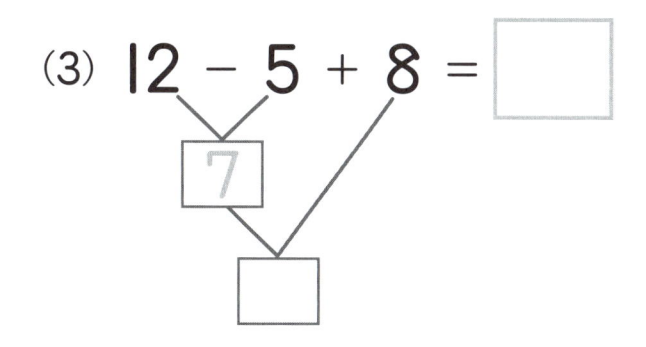

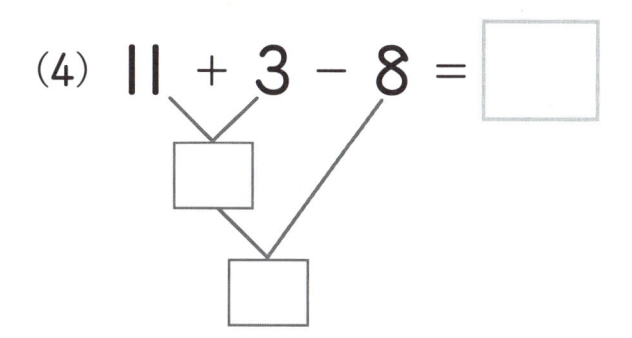

(1) $6 + 4 - 2 =$ 8

10

8

(2) $7 - 2 + 3 =$ □

5

□

(3) $12 - 5 + 8 =$ □

7

□

(4) $11 + 3 - 8 =$ □

□

□

4 バスに 18人 のって います。としょかんまえで 5人 おりて 3人 のりました。いま なん人 のって いますか。

〔しき〕 18 (−) 5 (＋) 3 ＝ □　こたえ □ 人

5 たかこさんは おはじきを 7こ もって いました。おかあさんから 9こ もらい、いもうとに 8こ あげました。たかこさんの もって いる おはじきは なんこですか。

〔しき〕 □ (　) □ (　) □ ＝ □　こたえ □ こ

れいだい

おうちのかたへ

じぶんで せんや □を かく もんだいが ふくまれて います。とちゅうの さぎょうも たいせつな れんしゅうです。

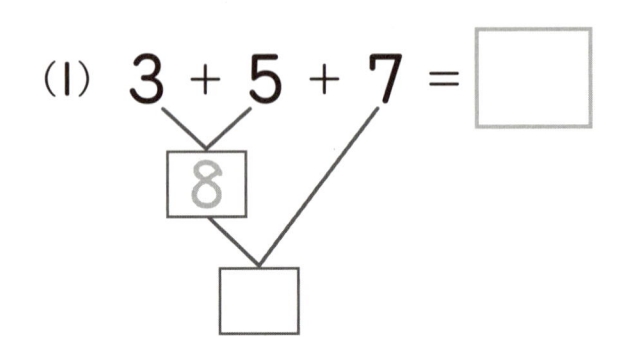

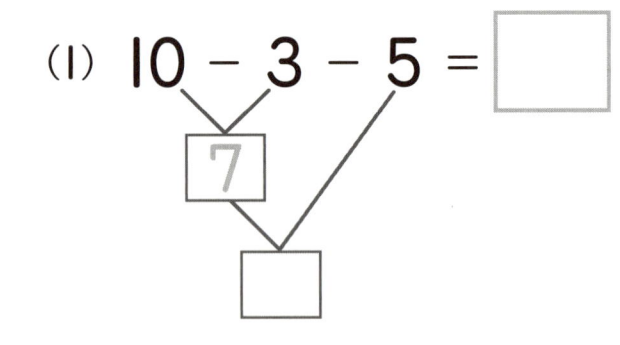

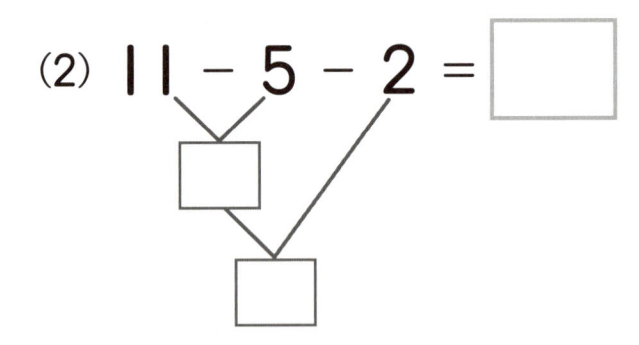

かず
たしざん
ひきざん
10を こえる かず
けいさん
大きな かず
とけい
ずの もんだい

1 つぎの けいさんを しましょう。

(1) 3 ＋ 5 ＋ 7 ＝ □

8

□

(2) 4 ＋ 7 ＋ 2 ＝ □

□

□

(3) 9 ＋ 5 ＋ 4 ＝ □

(じぶんで せんや □を かいて みましょう。)

(4) 7 ＋ 3 ＋ 7 ＝ □

(じぶんで せんや □を かいて みましょう。)

2 つぎの けいさんを しましょう。

(1) 10 − 3 − 5 ＝ □

7

□

(2) 11 − 5 − 2 ＝ □

□

□

(3) 9 − 2 − 3 ＝ □

(じぶんで せんや □を かいて みましょう。)

(4) 17 − 5 − 6 ＝ □

(じぶんで せんや □を かいて みましょう。)

3 つぎの けいさんを しましょう。

(1) 5 ＋ 8 － 7 ＝ □

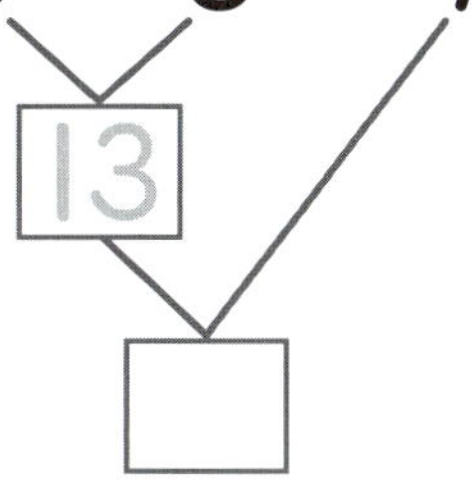

13

□

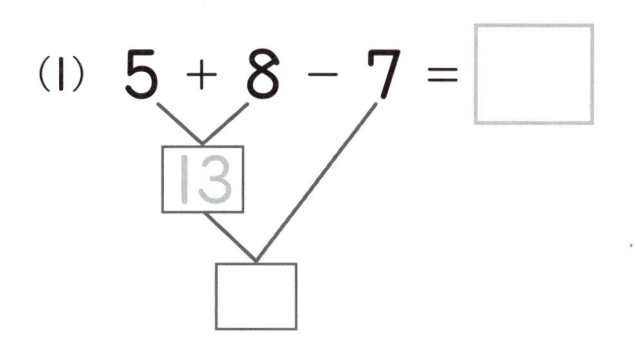

(2) 14 － 7 ＋ 8 ＝ □

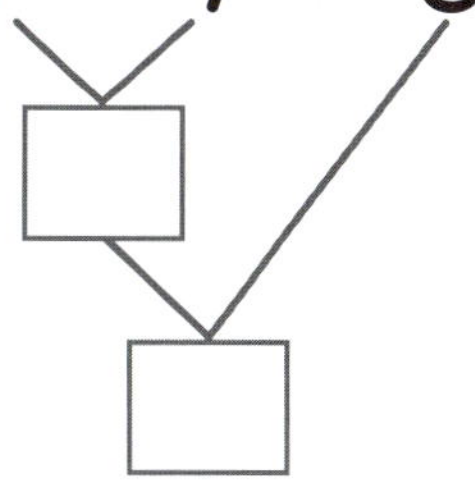

□

□

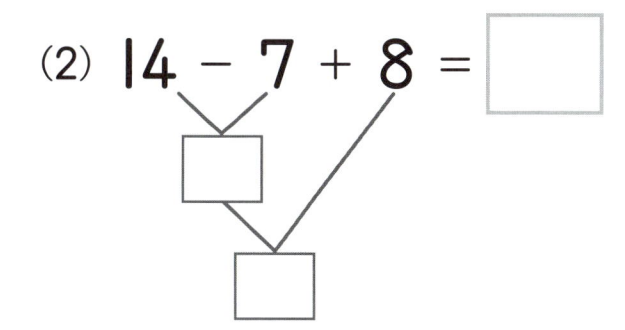

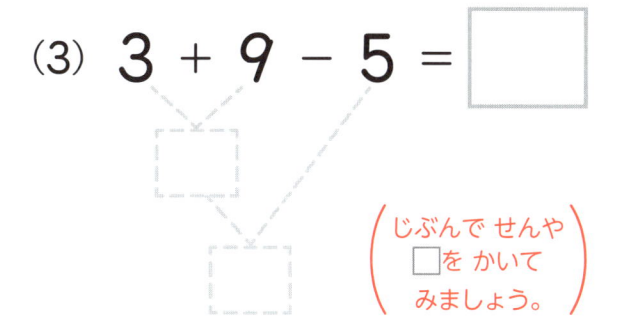

(3) 3 ＋ 9 － 5 ＝ □

（じぶんで せんや □を かいて みましょう。）

(4) 12 － 9 ＋ 5 ＝ □

（じぶんで せんや □を かいて みましょう。）

4 れいぞうこの 中の くだものを かぞえました。りんごが 3 こと みかんが 8 こ、かきが 4 こ ありました。くだものは ぜんぶで なんこ あったのでしょう。

〔しき〕 □

こたえ □ こ

5 さやかさんは いちごを 5 こ たべました。おねえさんは さやかさんより 3 こ おおく たべました。おかあさんは さやかさんより 2 こ すくなく たべました。みんなで なんこ たべたのでしょう。

〔しき〕

おねえさんは

□ ＋ □ ＝ □ こ

おかあさんは

□ － □ ＝ □ こ

みんなで

□ ＋ □ ＋ □ ＝ □ こ

こたえ □ こ

3つの かずの けいさん

れんしゅう

おうちのかたへ

子どもが よこで とくのを 見ながら、「すごい！」「さすが！」と はげまして あげてください。

1 つぎの けいさんを しましょう。

(1) 4 ＋ 8 ＋ 5 ＝ □

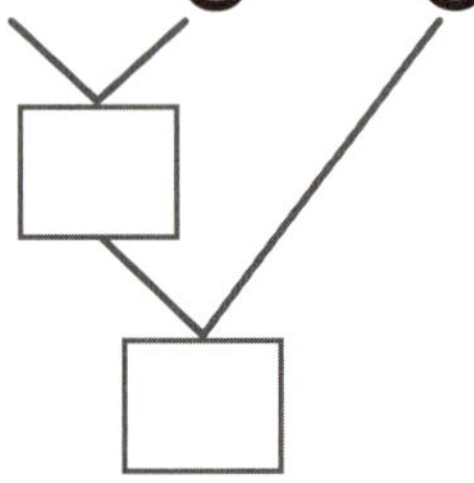

(2) 3 ＋ 6 ＋ 8 ＝ □

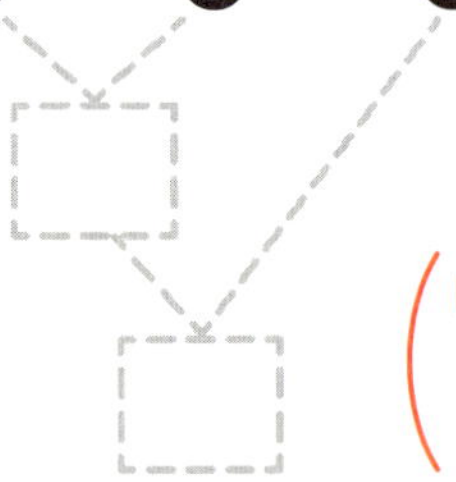

（じぶんで せんや □を かいて みましょう。）

(3) 5 ＋ 6 ＋ 7 ＝ □

（じぶんで せんや □を かいて みましょう。）

(4) 11 ＋ 2 ＋ 4 ＝ □

（じぶんで せんや □を かいて みましょう。）

2 つぎの けいさんを しましょう。

(1) 11 － 2 － 4 ＝ □

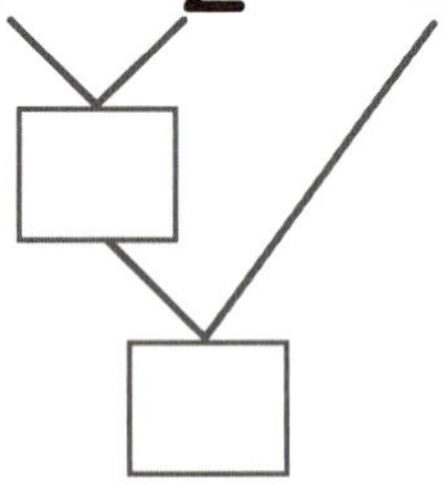

(2) 18 － 5 － 7 ＝ □

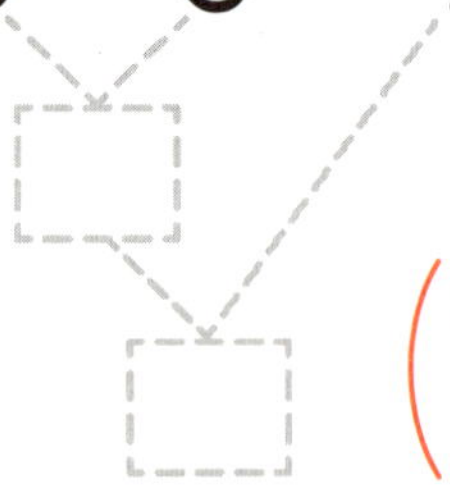

（じぶんで せんや □を かいて みましょう。）

(3) 15 － 9 － 6 ＝ □

（じぶんで せんや □を かいて みましょう。）

(4) 16 － 8 － 5 ＝ □

（じぶんで せんや □を かいて みましょう。）

3 つぎの けいさんを しましょう。

(1) 13 − 7 + 4 = □

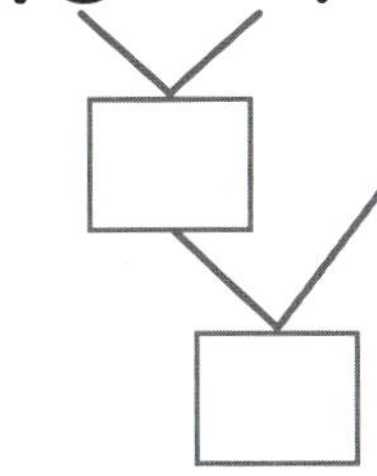

(2) 9 + 7 − 6 = □

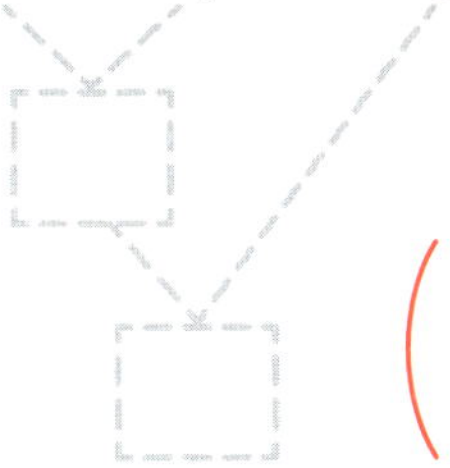

（じぶんで せんや □を かいて みましょう。）

(3) 5 + 9 − 7 = □

（じぶんで せんや □を かいて みましょう。）

(4) 12 − 9 + 5 = □

（じぶんで せんや □を かいて みましょう。）

4 にわの 花の かずを かぞえました。ひまわりの 花が 6 こ、へちまの 花が 4 こ、あさがおの 花が 6 こ さいて いました。花は ぜんぶで いくつ さいて いましたか。

〔しき〕 □ こたえ □ こ

5 いちごが 18 こ ありました。たけしくんが 7 こ、おにいさんが 9 こ たべました。いちごは なんこ のこって いますか。

〔しき〕 □ こたえ □ こ

6 さやかさんは えんぴつを 5 本 もって います。おねえさんは さやかさんより 3 本 おおく もって います。おにいさんは おねえさんより 5 本 おおく もって います。おにいさんは えんぴつを なん本 もって いますか。

〔しき〕 □ こたえ □ 本

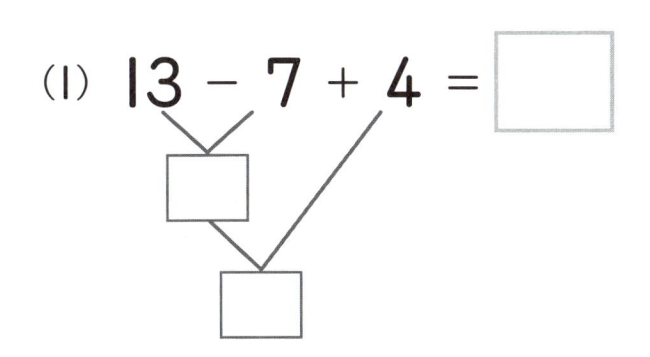

大きな かず

この「大きなかず」の単元は、10進数の理解を深めることを目的にしています。

手の指が左右で10本あるせいでしょうか、普段の生活で使う数のほとんどは10進数ですし、これからの算数の学習もほとんどが10進数を利用して進んでいきます。

1円・10円・100円硬貨を用意して、「両替ごっこ」をやっていただければ、大きな効果があります。

そして、この単元がおわったときには、小銭を持たせていっしょに買いものにつき合ってあげてください。

店の人に言われた金額をかぞえて手渡す訓練は、机の前の学習の何倍もの効果があります。

大きな かず

おうちのかたへ
1円と 10円の こうかを たくさん よういして「りょうがえごっこ」で あそんでから はじめて ください。

1 ブロックは なんこ ありますか。

〔れい〕

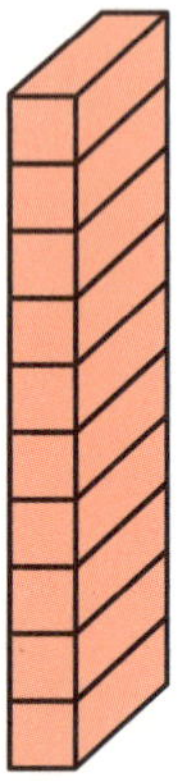

10が 1 つ

10 こ

(1)

10が □ つ

20 こ

(2)

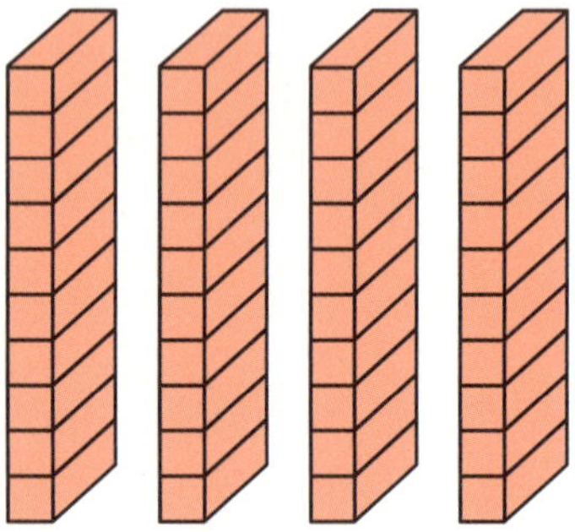

10が □ つ

□ こ

(3)

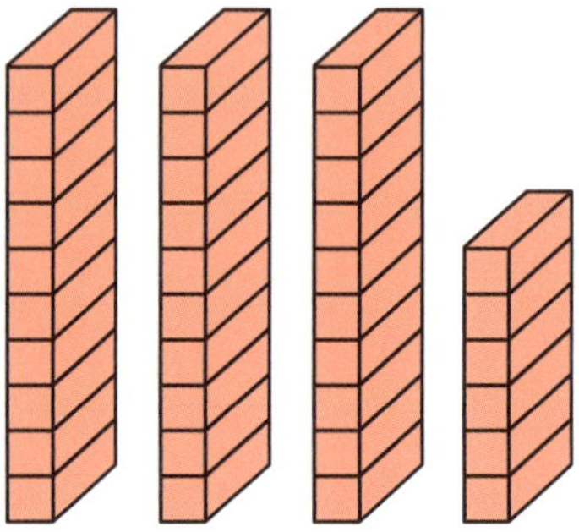

10が □ つ

1が □ つ

□ こ

2 ぜんぶで なん円 ありますか。

(1)

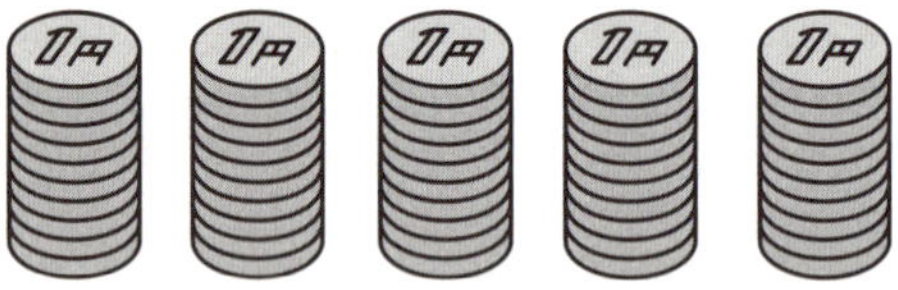

50 円

(2)

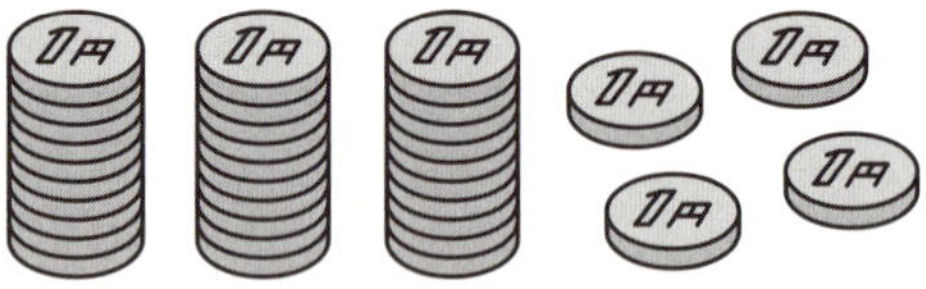

34 円

(3)

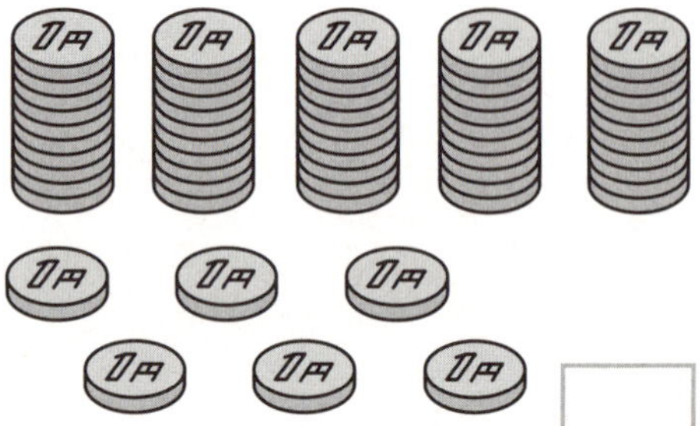

□ 円

(4)

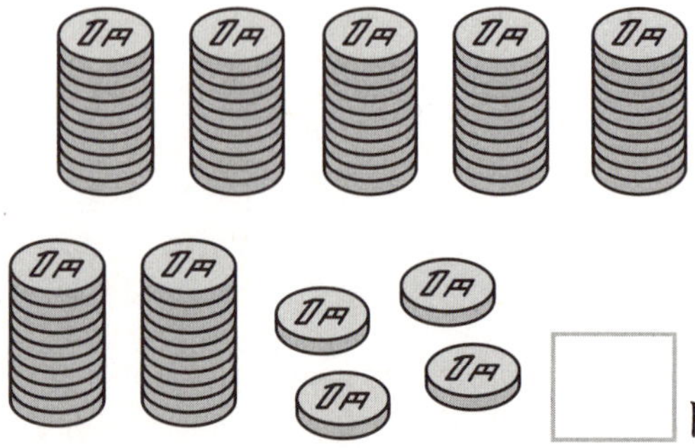

□ 円

3 ぜんぶで なん円 ありますか。

(1)

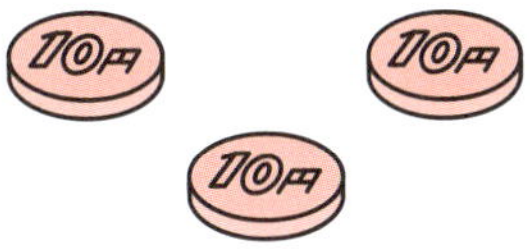

[30] 円

(2)

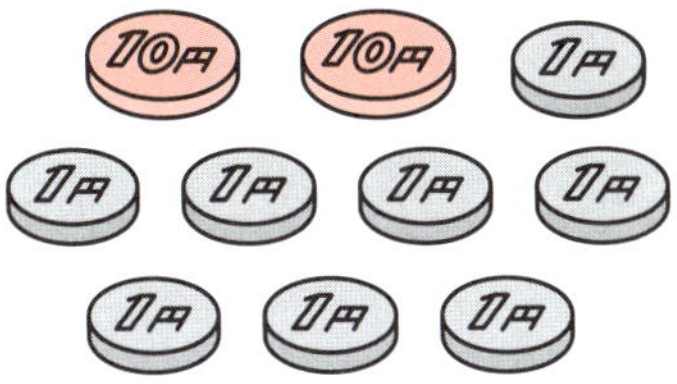

[28] 円

(3)

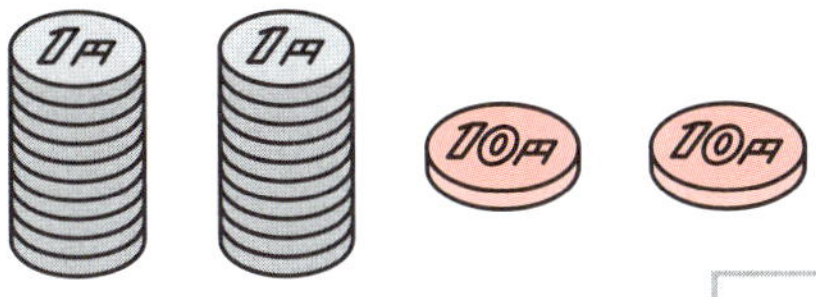

[ ] 円

(4)

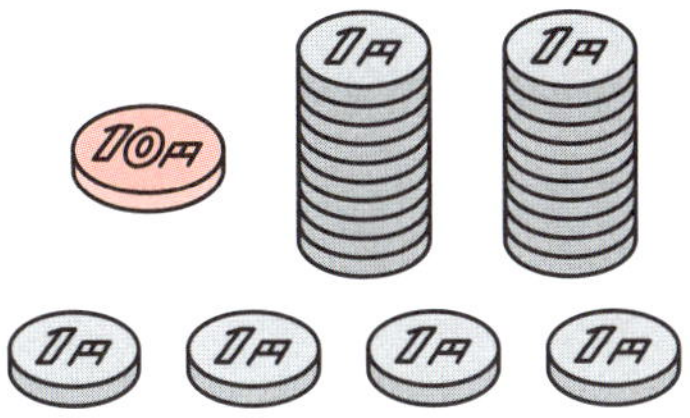

[ ] 円

4 [ ]に あう かずを かきましょう。

(1) 10が 5つと 1が 3つで [53]

(2) 10が 8つと 1が 13こで [ ]

（1が 13こは 10が [1]つと 1が [3]つと おなじです。）

5 大きい ほうに ○を つけましょう。

(1) [(51)] [49]

(2) [73] [75]

(3) [45] [54]

(4) [79] [90]

6 [ ]に あう かずを かきましょう。

(1) 10 − [20] − [30] − 40 − [50] − 60

(2) 29 − [ ] − 31 − [ ] − [ ] − 34

(3) 80 − [ ] − 60 − [ ] − [ ] − 30

(4) 72 − [ ] − [ ] − 69 − [ ] − 67

大きな かず

れいだい

おうちのかたへ

10円こうかを つかえば、たくさんの 1円こうかを つかわなくても よい ことが わかって きた ことでしょう。

1 ブロックは なんこ ありますか。

(1)

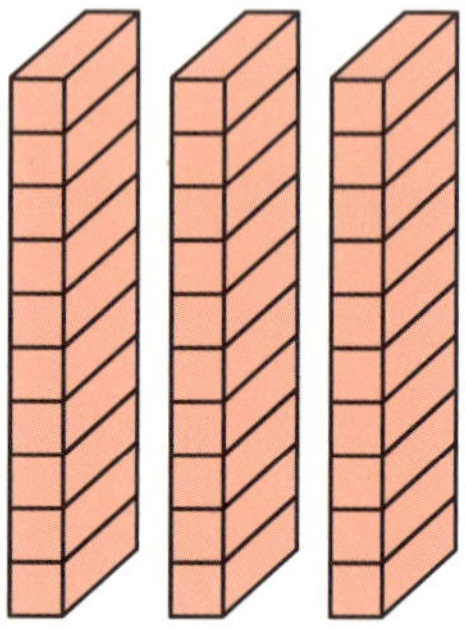

□ こ

(2)

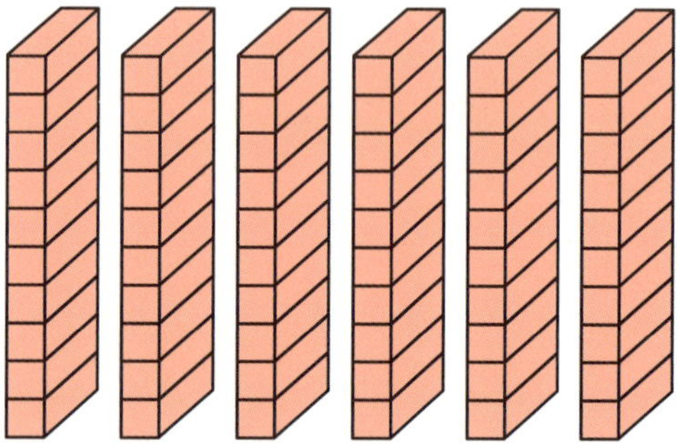

□ こ

(3)

□ こ

(4)

□ こ

2 ぜんぶで なん円 ありますか。

(1)

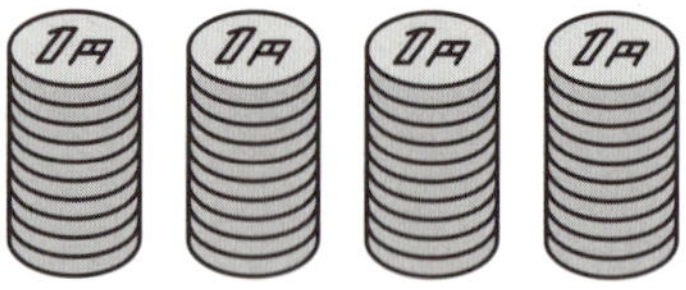

□ 円

(2)

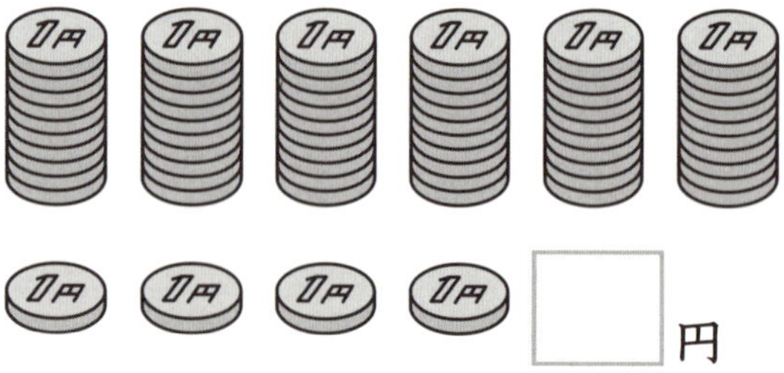

□ 円

(3)

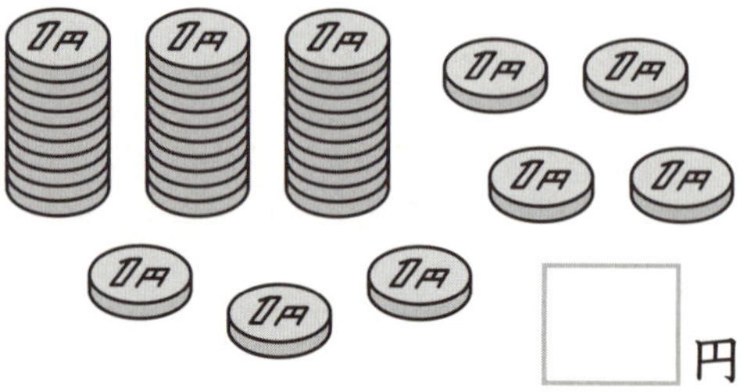

□ 円

(4)

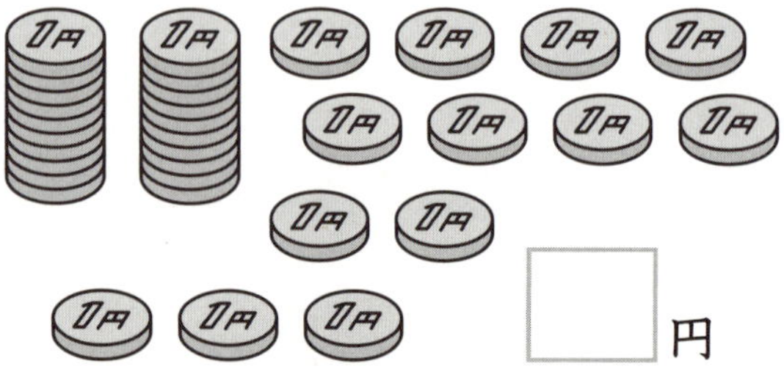

□ 円

3 ぜんぶで なん円 ありますか。

(1)

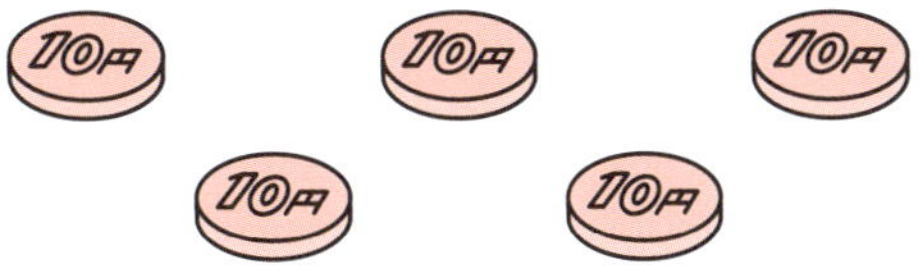

□円

(2)

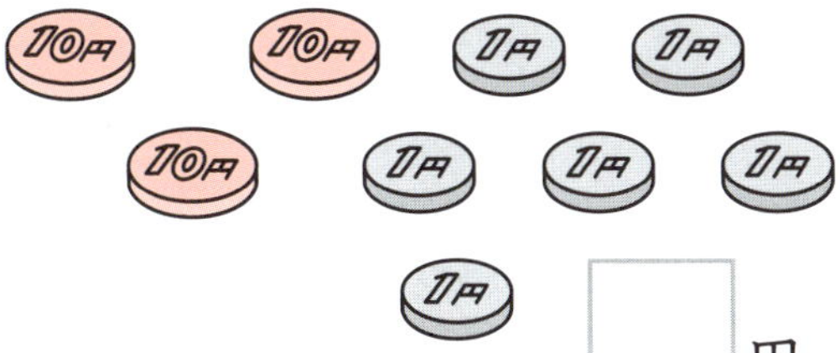

□円

(3)

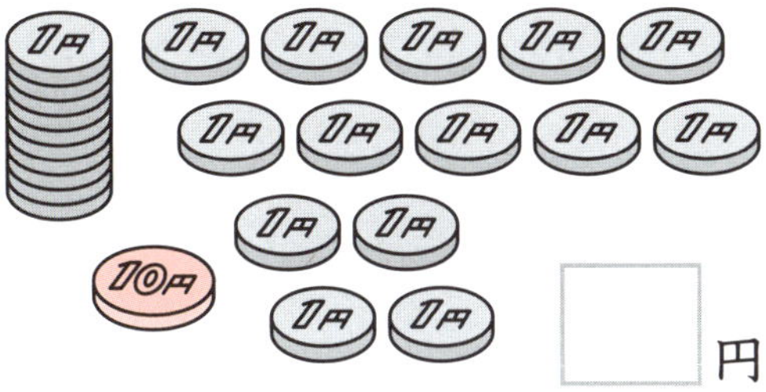

□円

(4)

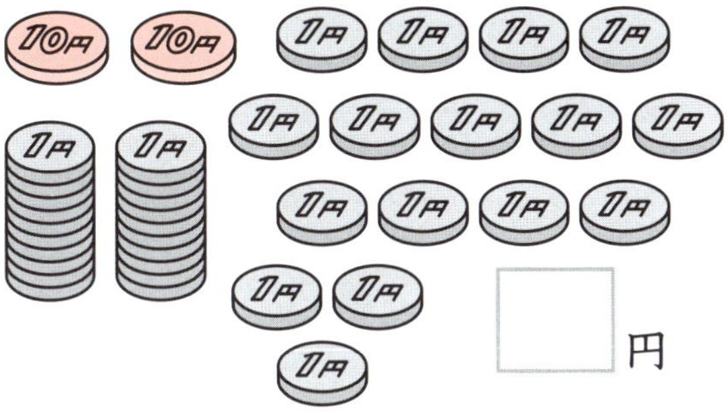

□円

4 □に あう かずを かきましょう。

(1) 10が 8つと 1が 5つで □

(2) 10が 3つと 1が 32こで □

1が 32こは
10が [3]つと
1が [2]つと
おなじです。

5 大きい ほうに ○を つけましょう。

(1) 48 46

(2) 53 35

(3) 48 83

(4) 52 49

6 □に あう かずを かきましょう。

(1) □ − 40 − □ − □ − 70 − □ − 90

(2) 76 − □ − □ − 79 − □ − 81 − □

(3) □ − 70 − □ − 50 − □ − □ − 20

(4) 65 − □ − 63 − □ − □ − □ − 59

大きな かず

れんしゅう

おうちのかたへ
りかいが すすんだ 子どもには、5円や 50円こうかも つかって「りょうがえごっこ」を やって みて ください。

1 みかんは ぜんぶで なんこ ありますか。

(1)

□こ

(2)
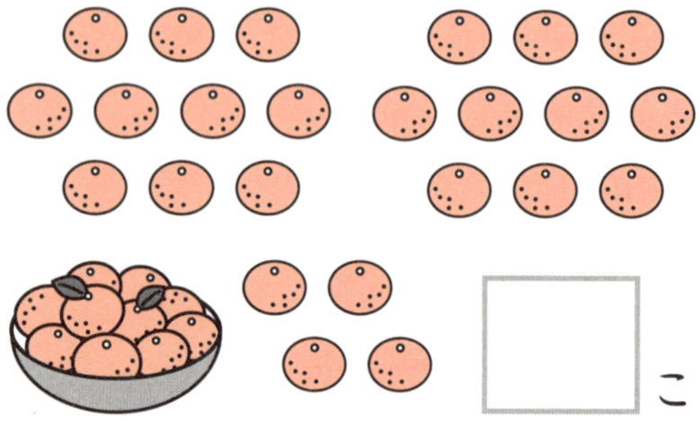
□こ

(3)
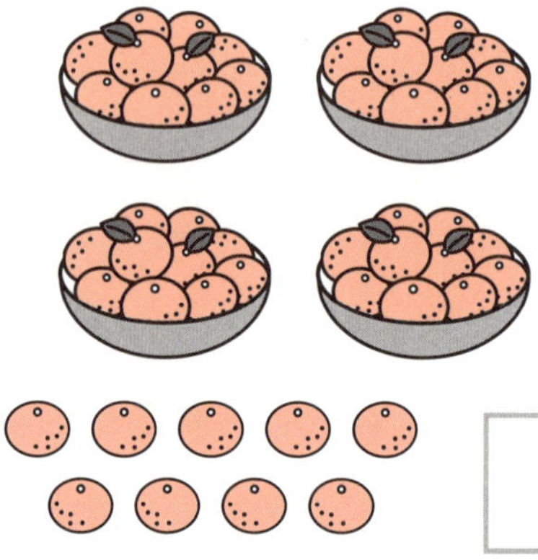
□こ

(4)
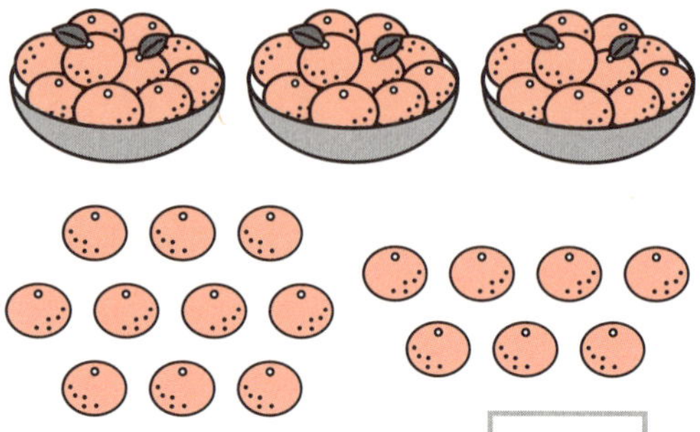
□こ

2 ぜんぶで なん円 ありますか。

(1)
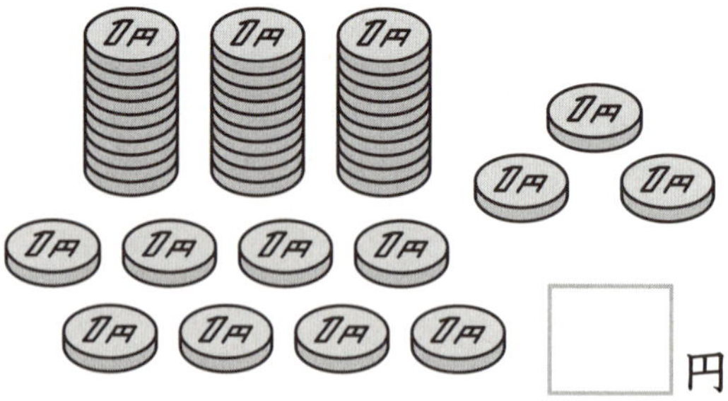
□円

(2)
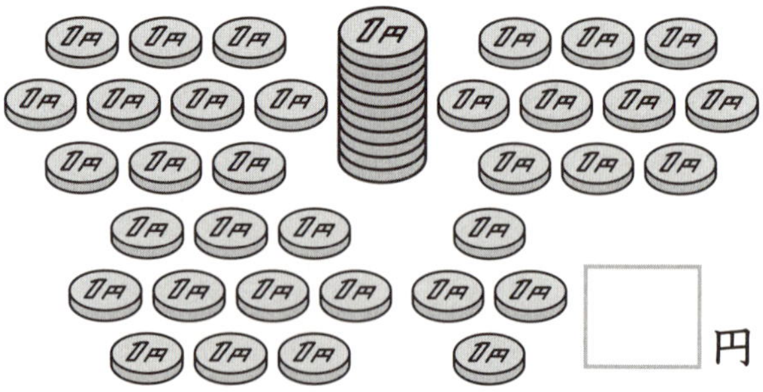
□円

(3)
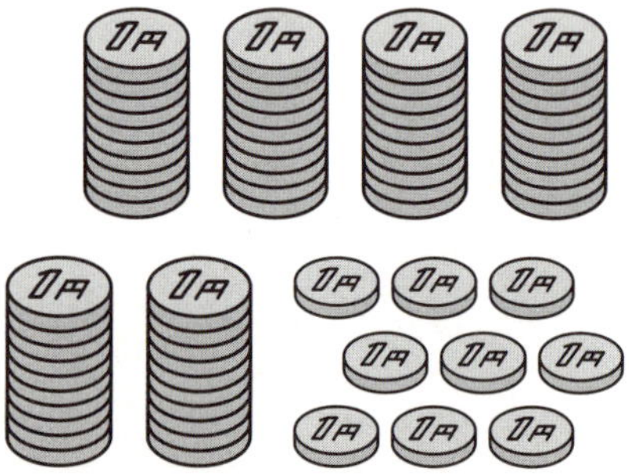
□円

(4)

□円

3　ぜんぶで なん円 ありますか。

(1)

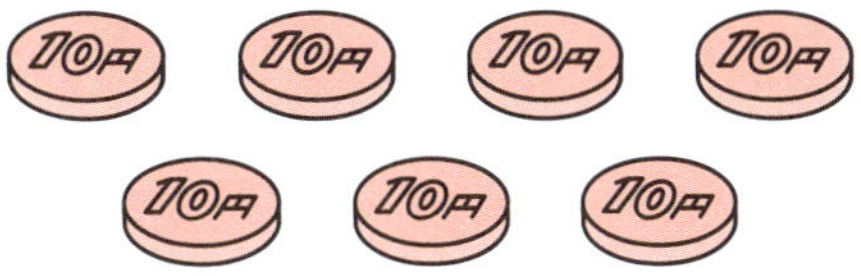

□円

(2)

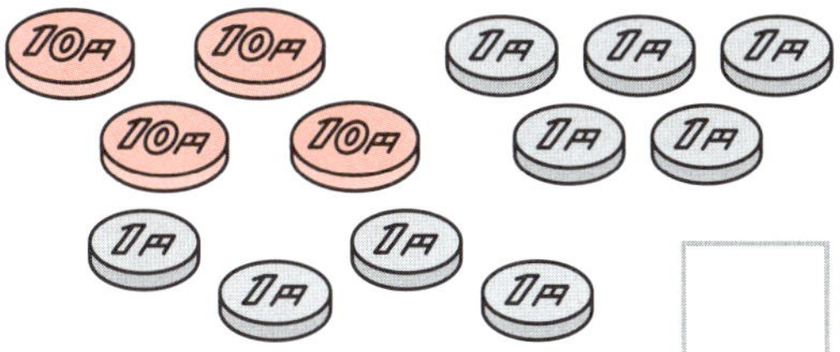

□円

(3)

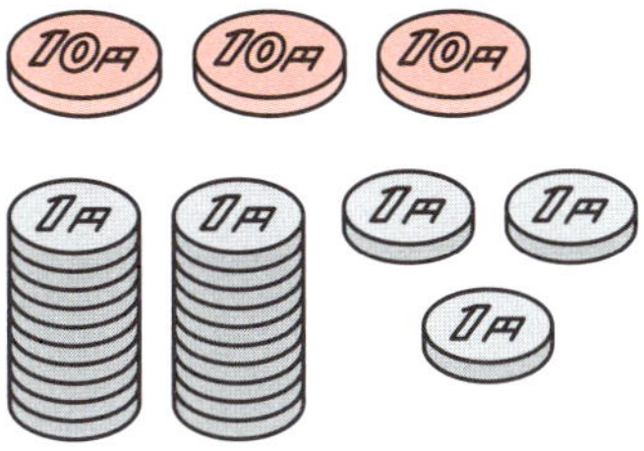

□円

(4)

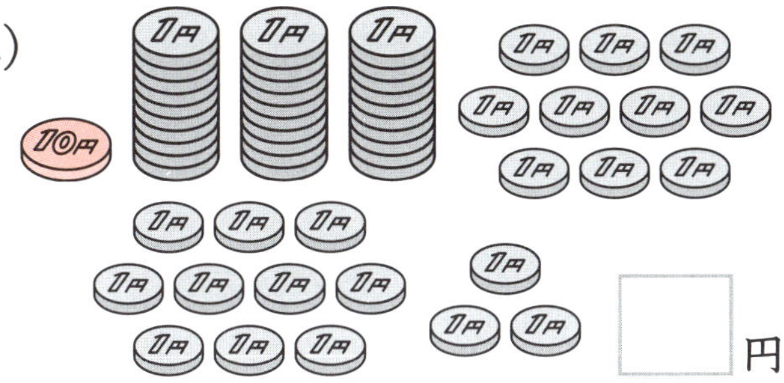

□円

4　□に あう かずを かきましょう。

(1)　10が 3つと 1が 7つで □

(2)　10が 4つと 1が 23こで □

（1が 23こは 10が □つと 1が □つと おなじです。）

5　大きい ほうに ○を つけましょう。

(1)　52　61

(2)　10が 2つと 1が 8つ　31

(3)　10が 4つと 1が 16こ　10が 5つと 1が 3つ

(4)　10が 6つと 1が 24こ　10が 5つと 1が 33こ

6　□に あう かずを かきましょう。

(1)　17 － □ － □ － 20 － 21 － □ － □

(2)　40 － □ － 60 － □ － 80 － □ － □

(3)　63 － □ － 61 － □ － □ － 58 － □

(4)　□ － 20 － □ － □ － 50 － □ － □

大きな かずの けいさん

おうちのかたへ
こまかい めもりを 見るのが にがてな 子どもには、えんぴつの さきで おさえながら かぞえるように アドバイスして あげて ください。

1 □に かずを かきましょう。

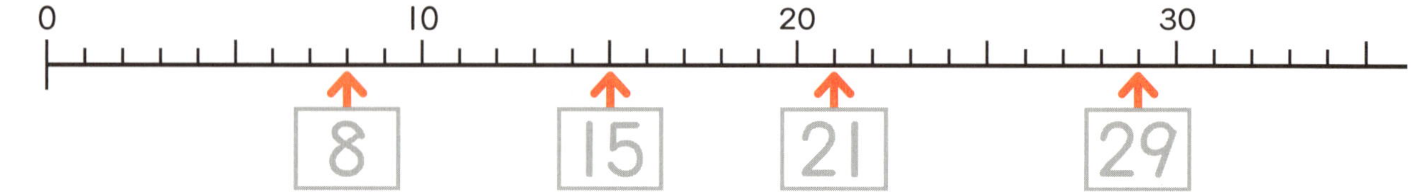

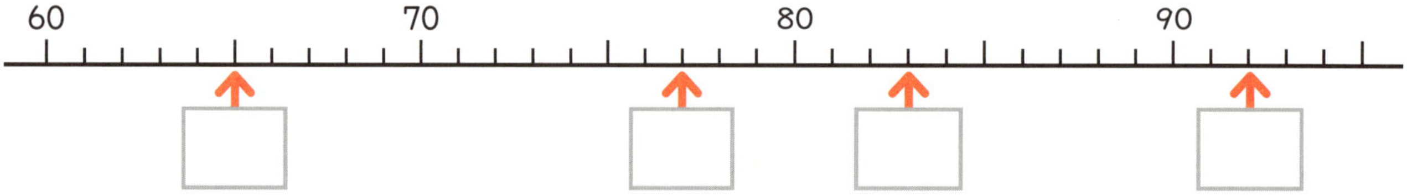

2 つぎの かずを 下の せんの 上に〔れい〕のように ↓の しるしを つかって かきこみましょう。

〔れい〕14　① 29　② 35　③ 21　④ 47　⑤ 65

3 つぎの かずを 下の せんの 上に〔れい〕のように ↓を かきこんで□に かずを かきましょう。

〔れい〕24　① 37　② 52　③ 61　④ 79

〔れい〕　24は あと 6 で 30。24は 20を 4 こえて いる。

① 37は あと □ で 40。

② 52は 50を □ こえて いる。

③ 61は あと □ で 70。

④ 79は 70を □ こえて いる。

4 つぎの けいさんを しましょう。

(1) 60 + 20 = [80]　　(2) 70 − 10 = [ ]

(3) 10 + 40 = [ ]　　(4) 50 − 30 = [ ]

5 つぎの けいさんを[ ]に かずを かいて しましょう。

(1) 38 + 7 = 38 + [2] + [5] = [45]

(2) 42 − 5 = 42 − [2] − [3] = [37]

(3) 57 − 9 = 50 − [9] + [7] = [48]

6 つぎの けいさんを しましょう。

(1) 49 + 5 = [ ]　　(2) 57 + 7 = [ ]

(3) 23 − 9 = [ ]　　(4) 38 − 4 = [ ]

7 ゆうたさんは 90円 もって かいものに いきました。50円の けしごむを かいました。のこりは なん円ですか。

〔しき〕 [90 − 50 =]　　こたえ [ ] 円

8 さとるさんは えんぴつを 42本 もって います。そのうち 8本を つかいました。のこりは なん本ですか。

〔しき〕 [ ]　　こたえ [ ] 本

大きな かずの けいさん

れいだい

おうちのかたへ

5で こまって いるようでしたら 1円こうかと 10円こうかを つかって かんがえるように アドバイスして ください。

1 □に かずを かきましょう。

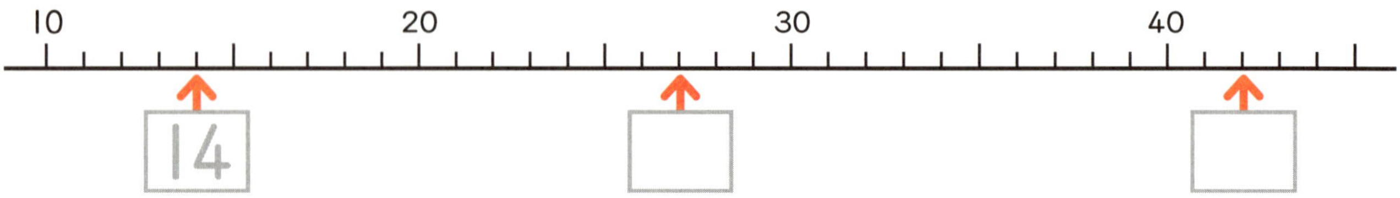

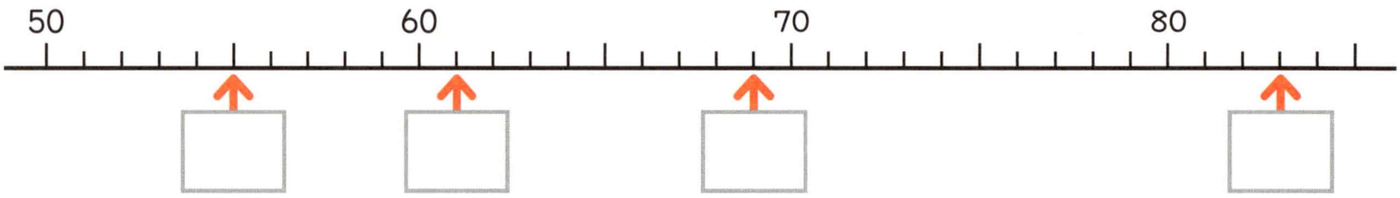

2 つぎの かずを ↓の しるしを つかって かきこみましょう。

① 31　② 14　③ 49　④ 23　⑤ 65

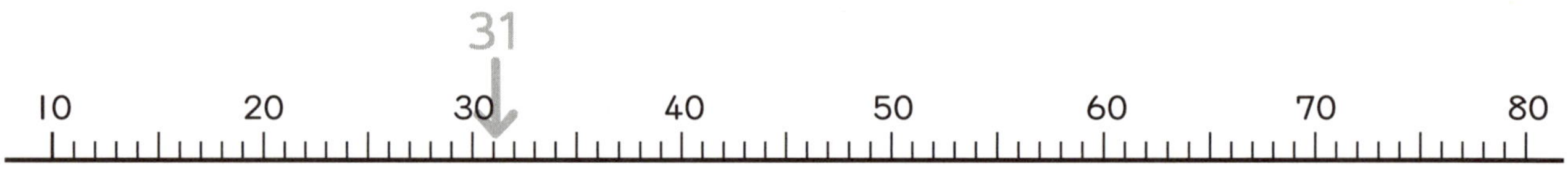

3 □に かずを かきましょう。

(1) 36 は あと [4] で 40。

(2) 21 は 30 より □ すくない。

(3) 59 は 50 より □ おおい。

(4) 73 は あと □ で 80。

(5) 67 は 70 より □ すくない。

4 つぎの けいさんを しましょう。

(1) 70 ＋ 20 ＝ □　　(2) 60 − 50 ＝ □

(3) 20 ＋ 40 ＝ □　　(4) 40 − 20 ＝ □

5 つぎの けいさんを□に かずを かいて しましょう。

(1) 45 ＋ 9 ＝ 45 ＋ □ ＋ □ ＝ □

(2) 32 − 6 ＝ 32 − □ − □ ＝ □

(3) 74 − 8 ＝ 70 − □ ＋ □ ＝ □

6 つぎの けいさんを しましょう。

(1) 87 ＋ 8 ＝ □　　(2) 25 ＋ 9 ＝ □

(3) 22 − 7 ＝ □　　(4) 63 − 4 ＝ □

7 よしこさんは 38 この おはじきを もって いました。おかあさんから 8 この おはじきを もらいました。おはじきは いくつに なったのでしょう。

〔しき〕 □　　こたえ □ こ

8 みちこさんは おりがみを 83 まい もって いました。5 まい つかいました。おりがみは なんまい のこって いますか。

〔しき〕 □　　こたえ □ まい

大きな かずの けいさん

れんしゅう

おうちのかたへ

4 の けいさんで、かぞえる ほうほうに もどって いないかを 見て あげて ください。

1 □に かずを かきましょう。

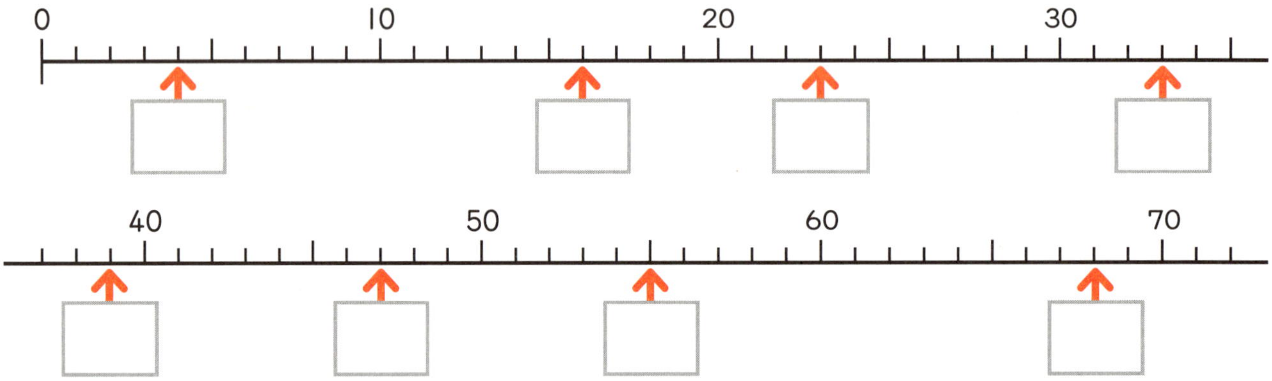

2 つぎの かずを↓の しるしを つかって かきこみましょう。

① 15　② 22　③ 29　④ 43　⑤ 59

3 □に かずを かきましょう。

(1) 28は あと□で 30。

(2) 36は 40より□すくない。

(3) 16は 10より□おおい。

(4) 63は あと□で 70。

(5) 81は 90より□すくない。

4 つぎの けいさんを しましょう。

(1) 10 ＋ 30 ＝ □　　(2) 70 − 40 ＝ □

(3) 72 ＋ 5 ＝ □　　(4) 38 ＋ 5 ＝ □

(5) 39 − 2 ＝ □　　(6) 42 − 7 ＝ □

(7) 78 ＋ 7 ＝ □　　(8) 77 − 8 ＝ □

(9) 21 − 8 ＝ □　　(10) 34 ＋ 6 ＝ □

5

まほさんは きのうまでに 本を 50 ページ よみました。きょう 30 ページ よみました。ぜんぶで なんページ よみましたか。

〔しき〕□　　こたえ □ ページ

6

ひさこさんの 小学校の 1 年生は 男の子が 82 人です。女の子は 男の子より 5 人 すくないそうです。女の子は なん人ですか。

〔しき〕□　　こたえ □ 人

とけい

とけいのめもりには、10 進数と 60 進数が入りまじっています。10 進数を中心に学習してきた小学 1 年生にとって、混乱しやすい単元です。

ここでは、時刻を読むことを中心に学習していきます。日常生活の中で時刻を読むことに慣れている子どもとそうでない子どもの差が大きく開く単元です。

この機会に、目ざましどけいや壁のとけいをデジタル表示のものから、2 針のアナログ表示のものにとりかえることをおすすめします。

アナログ表示のとけいで、子どもに時刻合わせをどんどんやらせてください。長針が大きく動くのに短針は少しずつしか動かないことを身体感覚としてわかることが大切です。

とけいと じこく

おうちの 人と いっしょに

おうちのかたへ
とけいの がくしゅうが はじめての ばあいは、とけいの はりを じっさいに うごかして あそばせて ください。

1 なんじですか。

(1)

6 じ

(2)

10 じ

(3)

じ

2 なんじですか。または なんじはんですか。

(1)

2 じ

(2)

5じ はん

(3)

じ

(4)

じ

(5)

じ

(6)

じ

3 とけいの ながい はりを かきましょう。

(1)

4じはん

(2)

7じ

(3)

2じ30ぷん

4 なんじなんぷんですか。

(1)

1 じ 20 ぷん

(2)

じ　　ぷん

(3)

5 つぎの とけいは なんじなんぷんですか。また じこくと あう えを せんで むすびましょう。

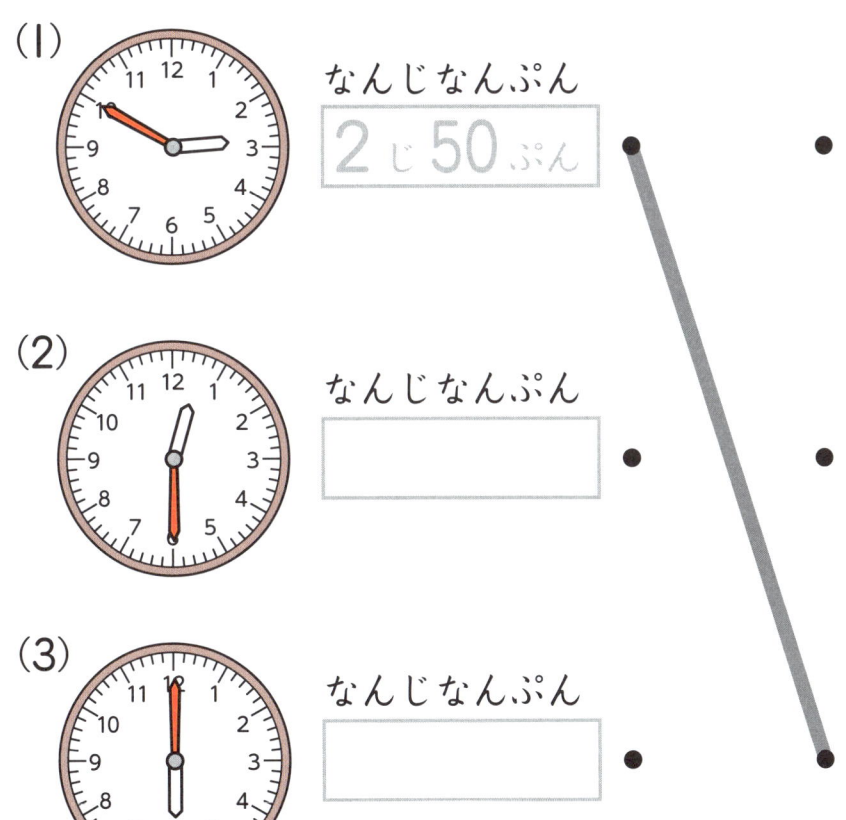

(1)

なんじなんぷん

2 じ 50 ぷん

(2)

なんじなんぷん

(3)

なんじなんぷん

(4)

なんじなんぷん

とけいと じこく

れいだい

おうちのかたへ

5を とく まえに、「なんじに おきてる？」「なんじに ねてる？」「なんじに 学校に いくの？」などと きいて あげて ください。

1 なんじですか。

(1)

□じ

(2)

□じ

(3)

□じ

2 なんじですか。または なんじはんですか。

(1)

9 じ

(2)

1 じ はん

(3)

□

(4)

□

(5)

□

(6)

□

3 とけいの ながい はりを かきましょう。

(1)

10じはん

(2)
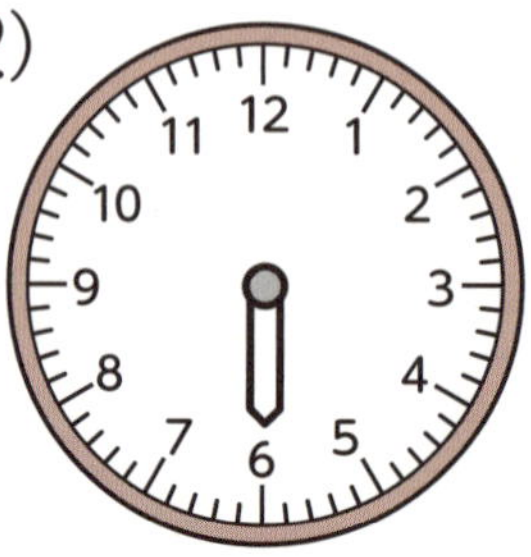
6じ

(3)

5じはん

4 なんじなんぷんですか。

(1)

3じ40ぷん

(2)

(3)

5 まほさんの くらしと あって いる とけいを せんで むすびましょう。

(1)

(2)

(3)

(4)

ねる とき

おきる とき

おやつ

ひるごはん

れんしゅう

おうちのかたへ
この ページの 学しゅうが おわってからも とけいの じこくを よんだり、とけいの はりを うごかしたり しましょう。

1 なんじですか。

(1)

□じ

(2)

□じ

(3)

□じ

2 なんじですか。また なんじはんですか。

(1)

□

(2)

□

(3)

□

(4)

□

(5)

□

(6)

□

3 とけいの ながい はりを かきましょう。

(1)

10じ20ぷん

(2)
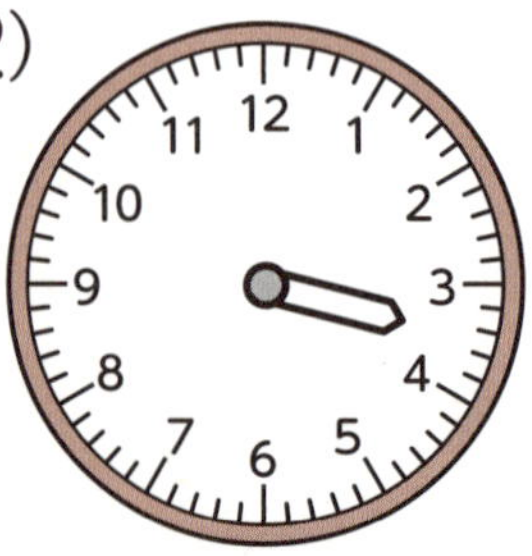
3じ30ぷん

(3)

4じはん

4 なんじなんぷんですか。

(1)

(2)

(3)

5 ゆりこさんは あさ おばさんの うちへ いって、おひるまでに かえって きました。あって いる とけいを せんで むすびましょう。

うちを 出た とき

おばさんの うちへ ついた とき

おばさんの うちを 出た とき

うちへ ついた とき

ずの もんだい

小学３・４年生になって、「この問題は、たせばいいの？　ひけばいいの？」と聞く子どもが少なからずいます。

また、「うちの子は、計算はできるのですが、文章題になるとダメで…」とおっしゃるおうちの方も多いのです。

「たす」と「ひく」の計算とイメージがうまく結びついていないことが原因です。式だけで考えるのではなく、線を継ぎたしたり、切りとったりをくり返すことで計算とイメージがうまく結びついていきます。

おうちの方には、「そこはたしざんでしょ！」「これはひきざんでしょ！」と、子どもの先まわりをしないでいただきたいのです。

「12 は、８といくつを合わせればいいのかな？」「８は、12 からいくつを取ればいいのかな？」と主語を変えて、ゆっくりとたずねてあげてください。

それをくり返すことで、「たせばいいのか」「ひけばいいのか」を子ども自身が自然に判断できるようになります。

ずを つかった もんだい

おうちのかたへ

6 7 では、こたえは 出せるのに しきが つくれないことが あります。その ときは 1 〜 5 を やってから もういちど 6 7 に もどって ください。

1 □に あう かずを 見つけましょう。また□の かずを もとめる しきを つくりましょう。

(1)

12	
8	□

12 − 8 ＝ 4

(2)

□	
8	7

8 ＋ 7 ＝ □

2 〔れい〕のように あいて いる ところに かずを かきましょう。

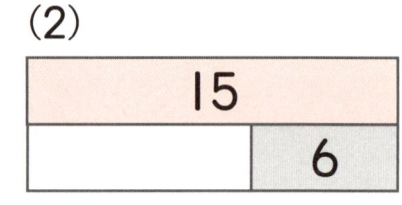

〔れい〕

13	
7	6

(1)

9	4

(2)

15	
	6

(3)

5	
9	

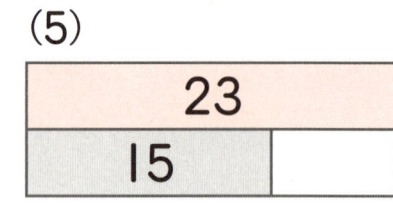

(4)

13	8

(5)

23	
15	

3 かずの せんの ずを かきました。下の ずの□に あう かずを かきましょう。

(1)

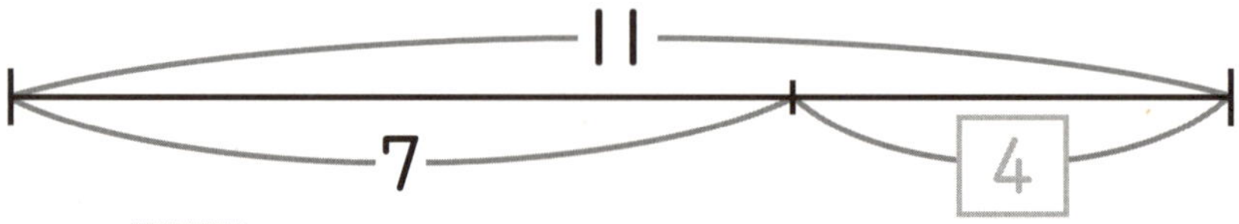

(2)

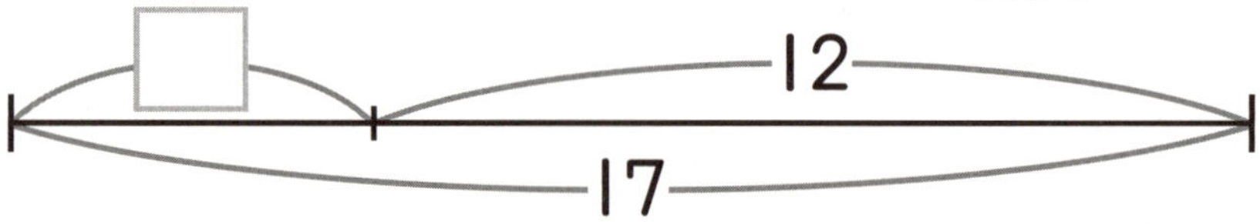

4 あいて いる ところに かずを かきましょう。

(1)

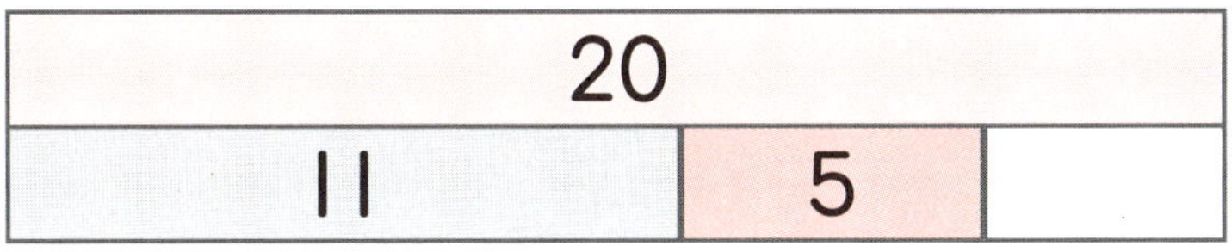

(2)

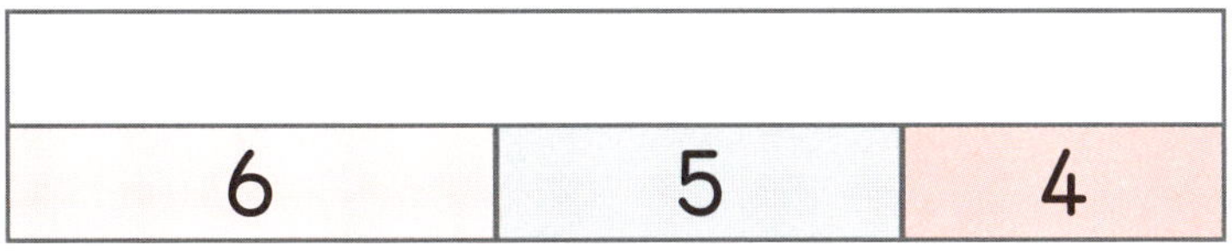

5 □に あう かずを かきましょう。

(1)

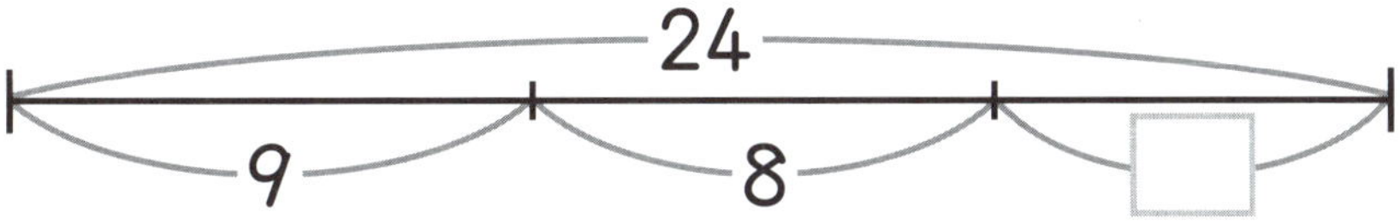

(2)

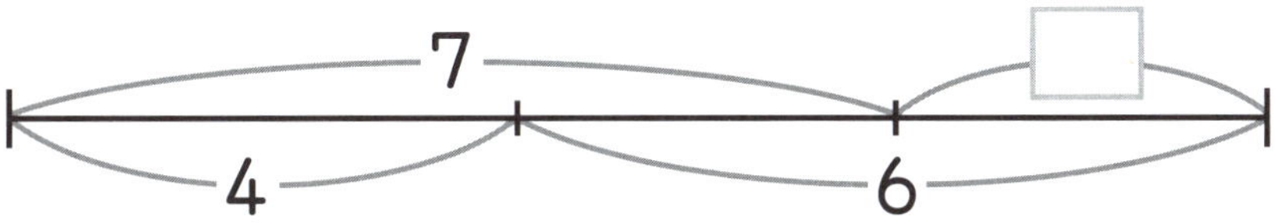

6 16人の 子どもが あそんで いました。なん人か かえったので、5人 のこりました。なん人 かえりましたか。かずの せんを かいて かんがえましょう。

16 − 5 = 11

こたえ □人

7 ともこさんは、いろがみを なんまいか もって いました。いもうとに 8まいを あげたので 9まいに なりました。はじめに ともこさんが もって いた いろがみは なんまいですか。かずの せんを かいて かんがえましょう。

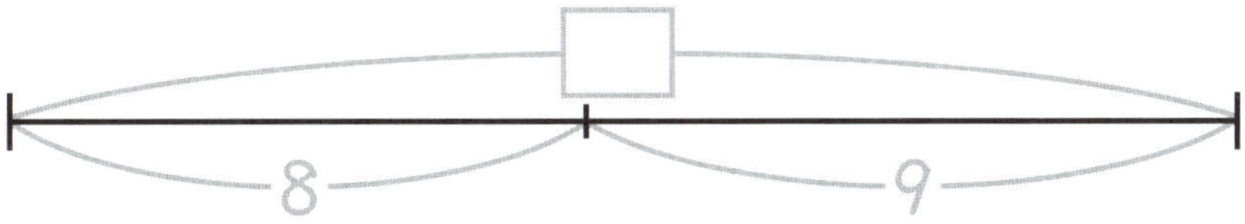

8 + 9 = 17

こたえ □まい

ずを つかった もんだい

れいだい

おうちのかたへ

6 7で つまずいて いるようでしたら おうちの かたが いちど よんで あげてから 子どもに 音どくさせて みて ください。

1 □に あう かずを 見つけましょう。また□の かずを もとめる しきを つくりましょう。

(1)

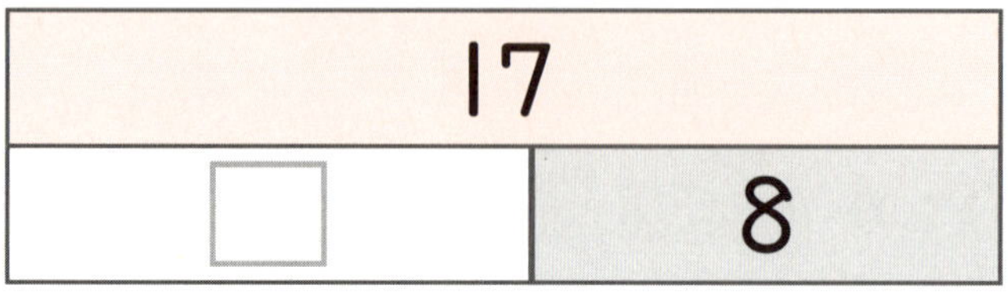

17 − 8 ＝ □

(2)

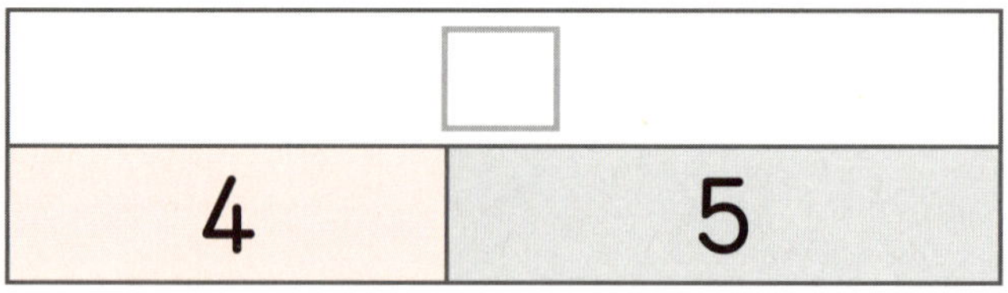

□ ＝ □

2 あいて いる ところに かずを かきましょう。

(1)

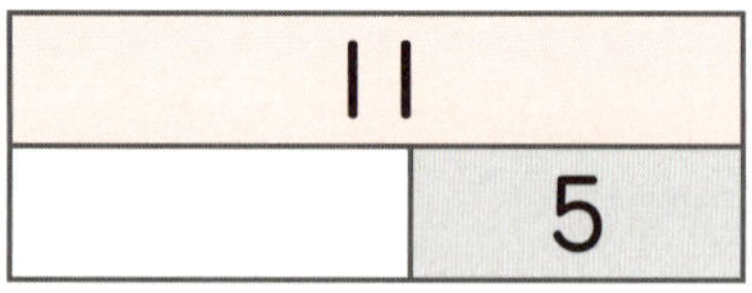

(2)

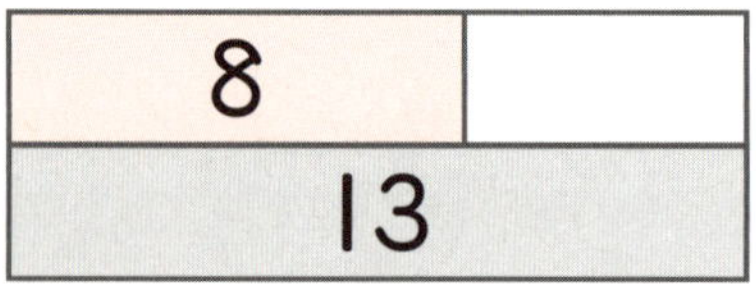

(3)

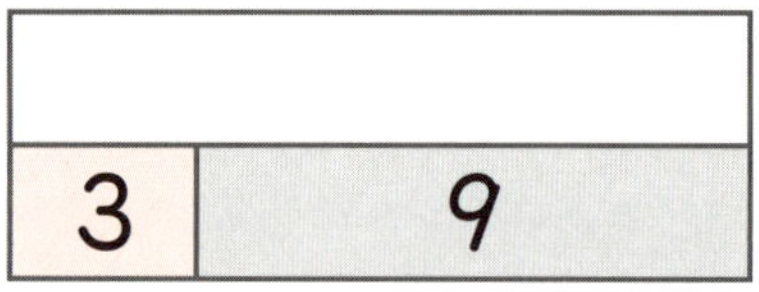

(4)

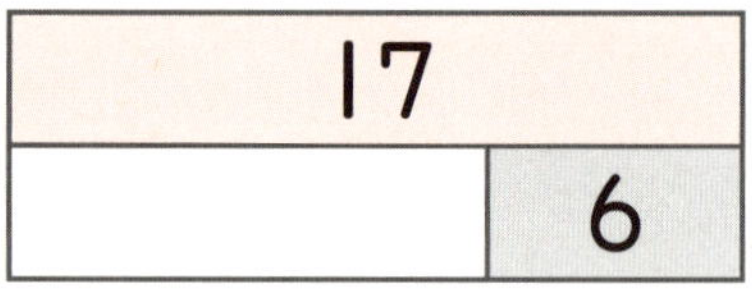

(5)

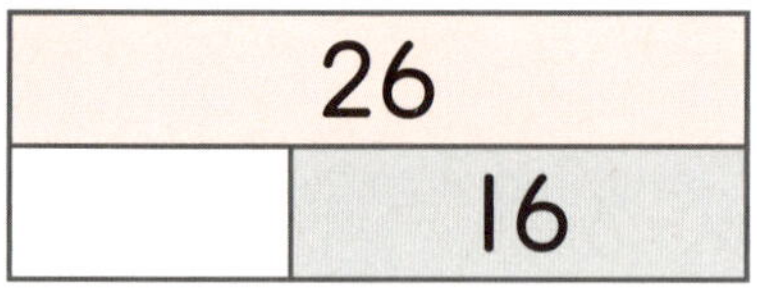

(6)

3 かずの せんの ずを かきました。下の ずの□に あう かずを かきましょう。

(1)

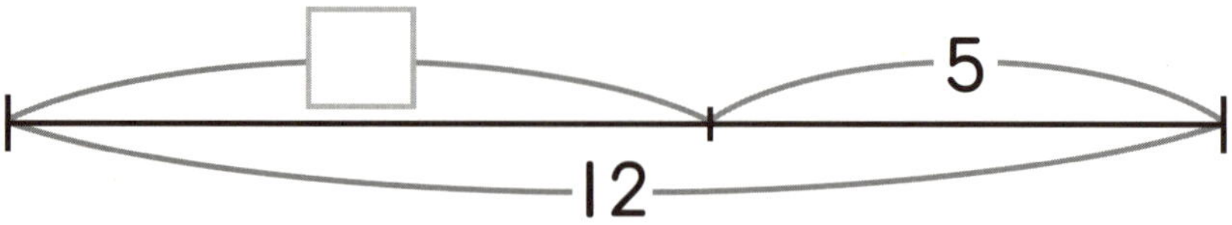

(2)

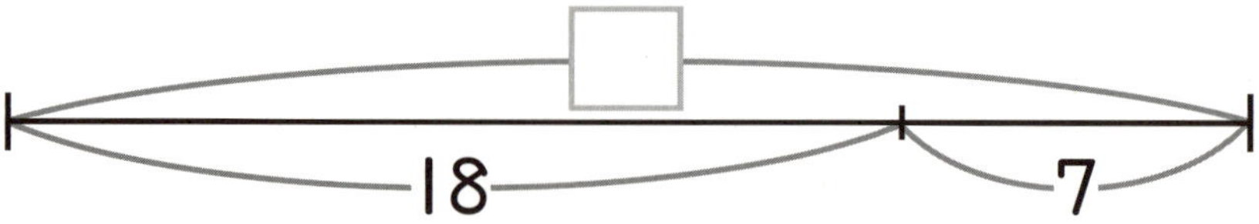

4 あいて いる ところに かずを かきましょう。

(1)

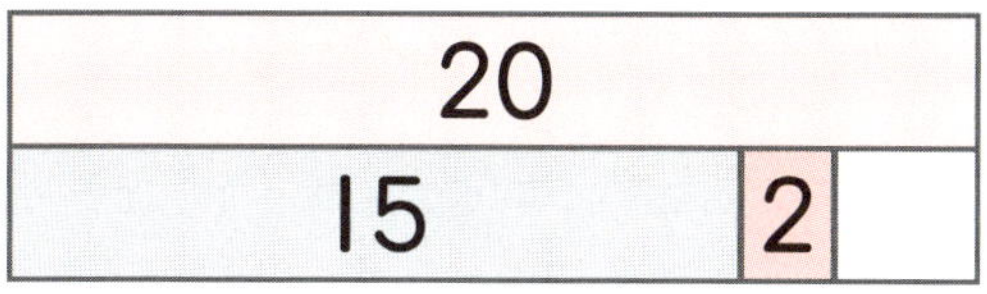

(2)

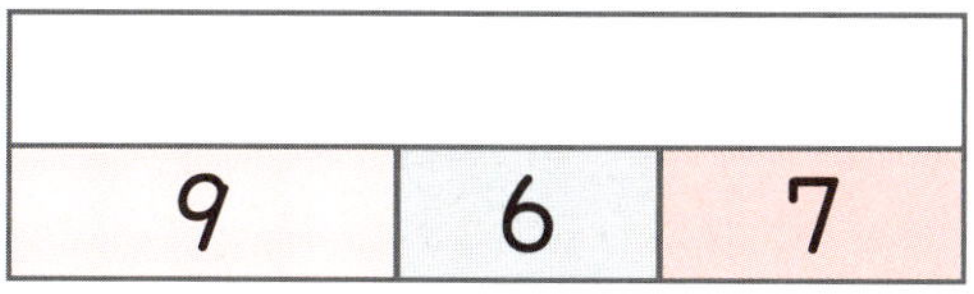

5 □に あう かずを かきましょう。

(1)

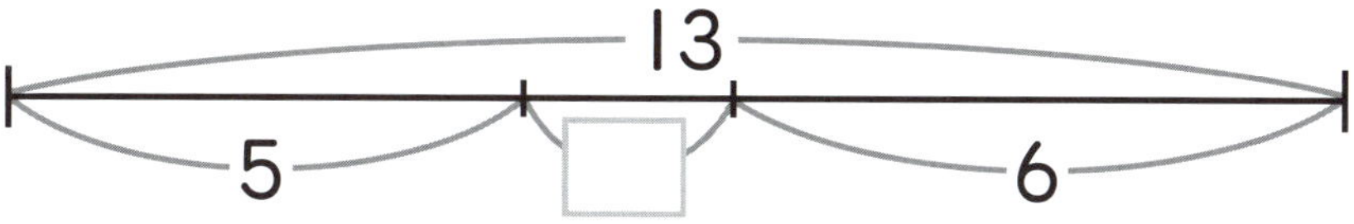

(2)

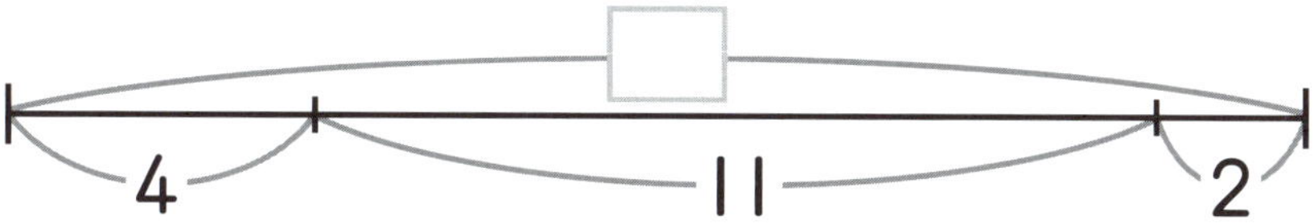

6 はやとくんは なん本かの えんぴつを もって いました。7本の えんぴつを つかったので 5本 のこりました。はじめに もって いた えんぴつは なん本でしたか。かずの せんを かいて かんがえましょう。

〔かずのせん〕

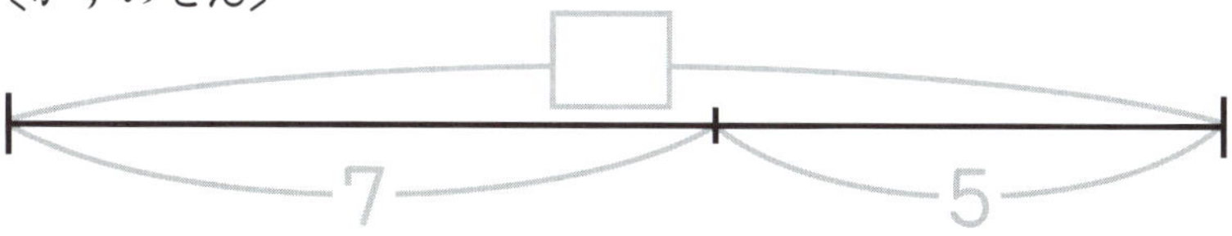

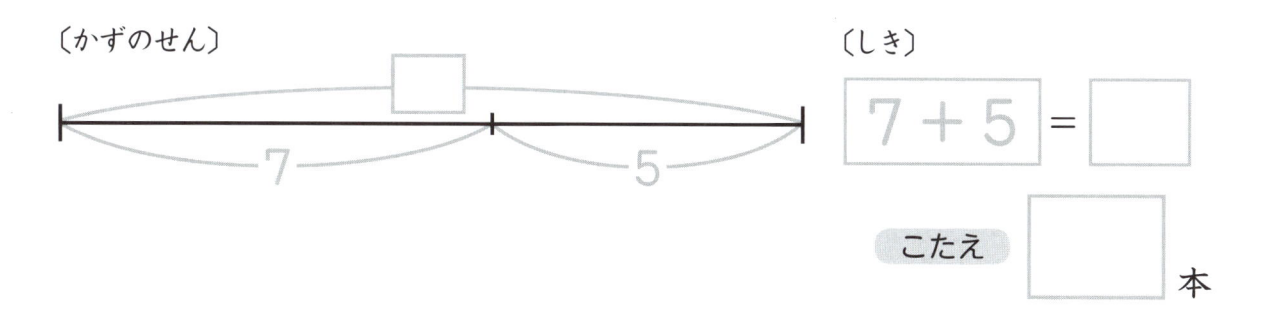

〔しき〕

7 + 5 = □

こたえ □ 本

7 たかしくんは どんぐりを 18こ もって いました。おとうとに 5こ あげた あとで 6こ おとして しまいました。たかしくんが もって いる どんぐりは なんこに なりましたか。かずの せんを かいて かんがえましょう。

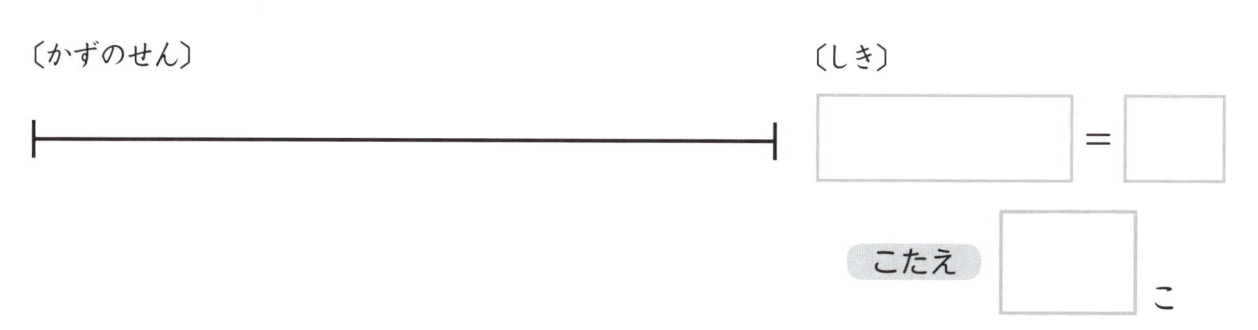

〔かずのせん〕

〔しき〕

□ = □

こたえ □ こ

ずを つかった もんだい

れんしゅう

おうちのかたへ
7 は１年生には なんもんです。手こずって いるようでしたら、音どくを させて ください。また、5(2)が ヒントに なって いる ことを おしえて あげて ください。

1 □に あう かずを 見つけましょう。また□の かずを もとめる しきを つくりましょう。

(1)

□ ＝ □

(2)
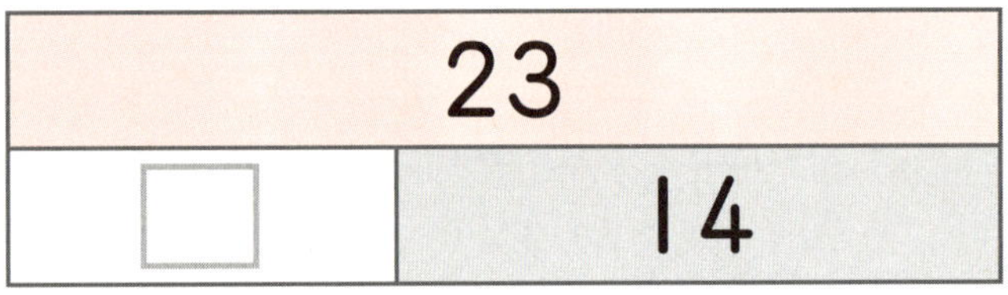

□ ＝ □

2 あいて いる ところに かずを かきましょう。

(1)
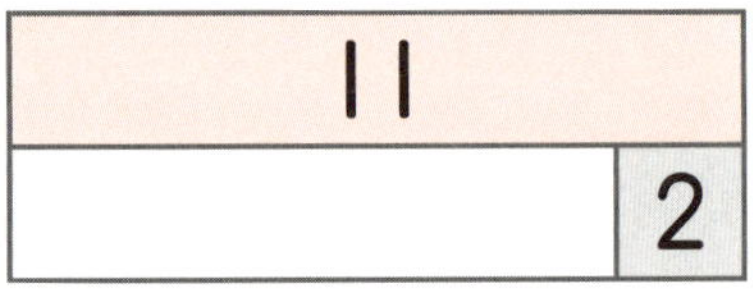

(2)
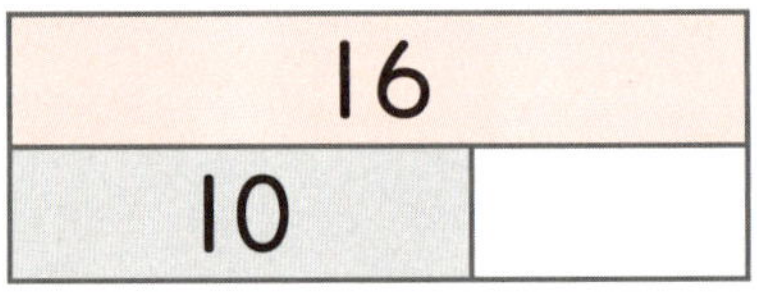

(3)
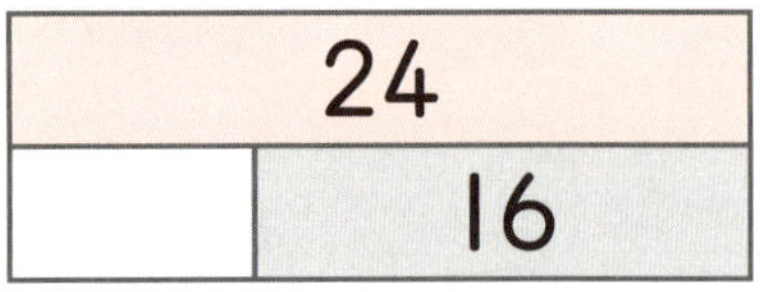

(4)
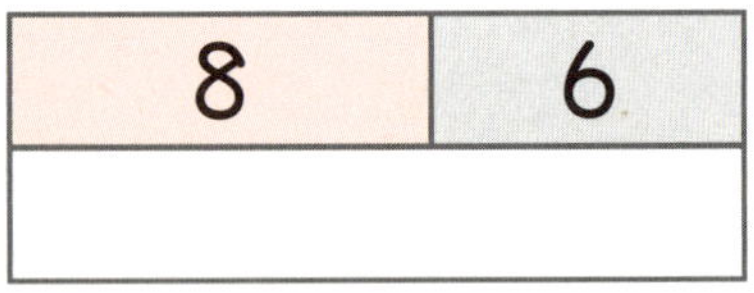

(5)
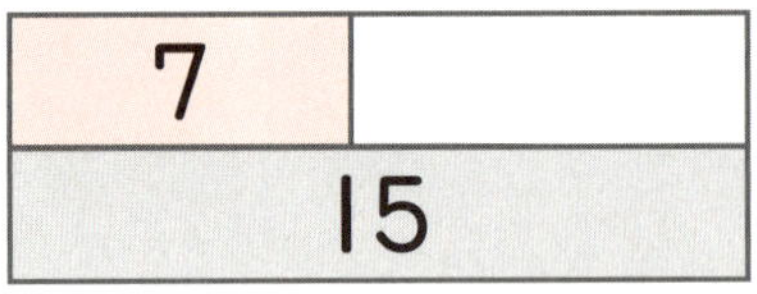

(6)
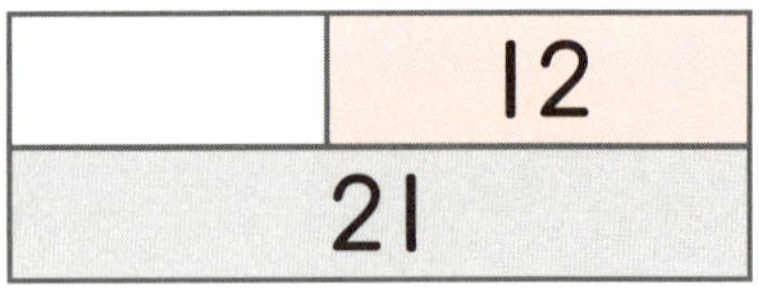

3 かずの せんの ずを かきました。下の ずの□に あう かずを かきましょう。

(1)
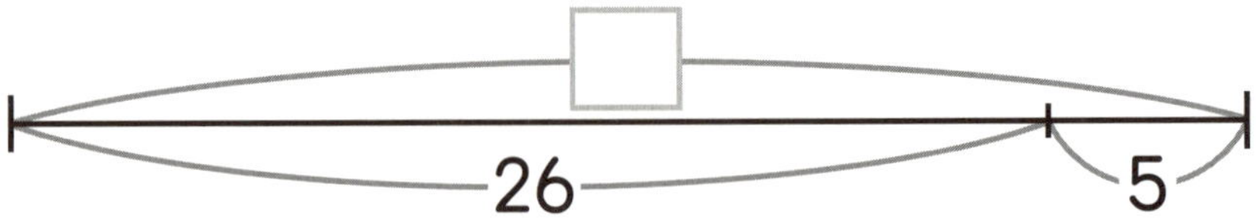

(2)
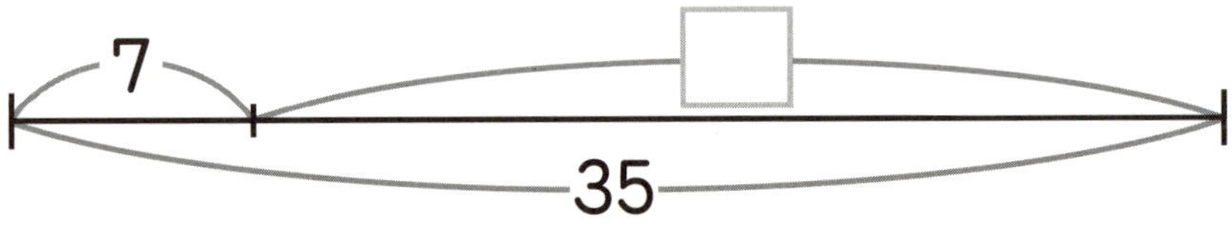

4 あいて いる ところに かずを かきましょう。

(1)

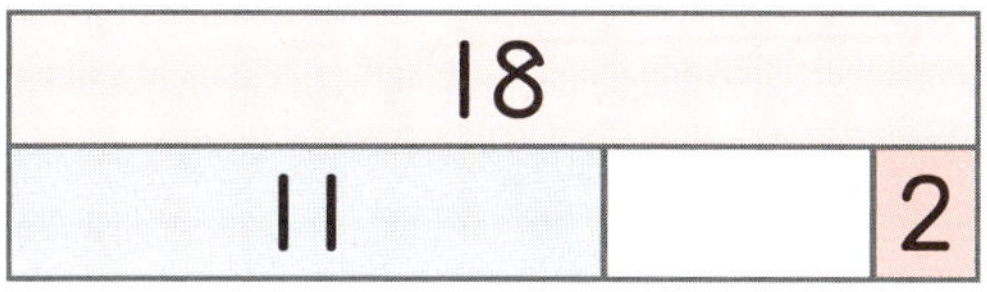

(2)

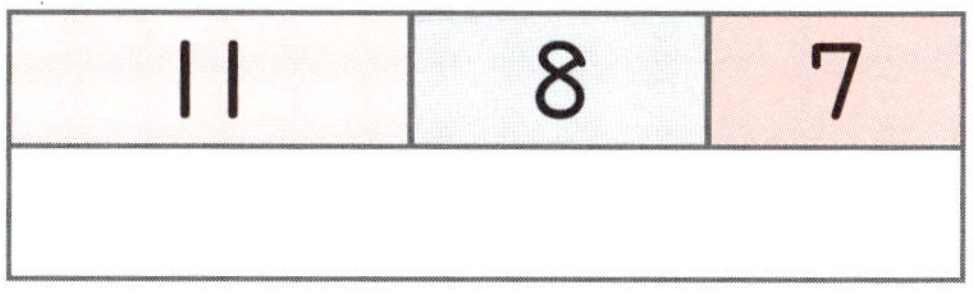

5 □に あう かずを かきましょう。

(1)

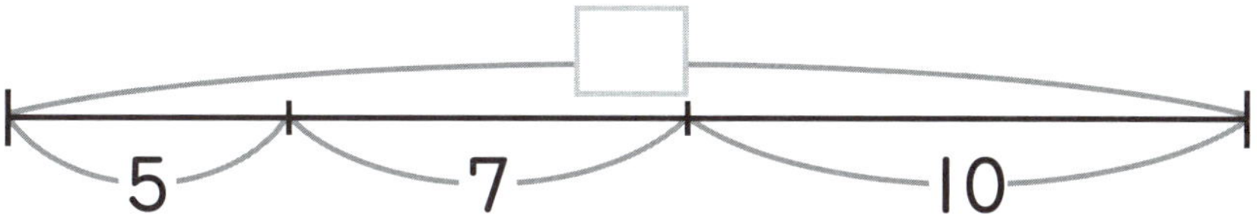

(2)

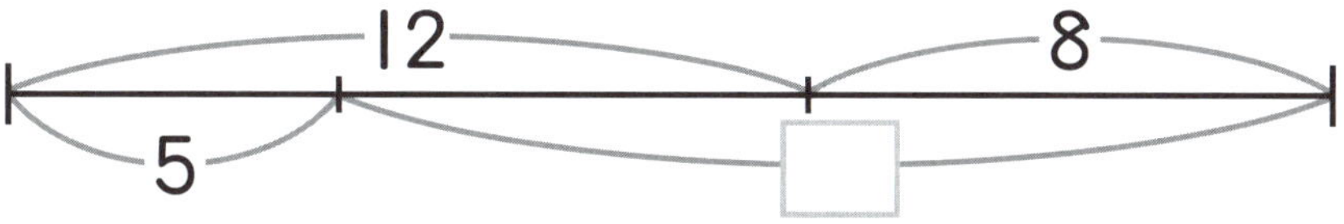

6 ともこさんは いろえんぴつを 23 本 もって いました。あきこさんに なん本か あげたので のこりが 17 本に なりました。あきこさんに あげたのは なん本ですか。かずの せんを かいて かんがえましょう。

〔かずの せん〕

〔しき〕

こたえ □ 本

7 1 年 1 くみと 1 年 2 くみの 人ずうは おなじです。1 年 1 くみの 男の子は 12 人、女の子は 10 人です。1 年 2 くみの 男の子は 9 人です。1 年 2 くみの 女の子は なん人ですか。かずの せんを かいて かんがえましょう。

〔かずの せん〕

〔しき〕

こたえ □ 人

西村則康（にしむら　のりやす）

名門指導会代表　塾ソムリエ

教育・学習指導に35年以上の経験を持つ。現在は難関私立中学・高校受験のカリスマ家庭教師であり、プロ家庭教師集団である名門指導会を主宰。「鉛筆の持ち方で成績が上がる」「勉強は勉強部屋でなくリビングで」「リビングはいつも適度に散らかしておけ」などユニークな教育法を書籍・テレビ・ラジオなどで発信中。フジテレビをはじめ、テレビ出演多数。

著書に、「つまずきをなくす算数・計算」シリーズ（全7冊）、「つまずきをなくす算数・図形」シリーズ（全3冊）、「つまずきをなくす算数・文章題」シリーズ（全6冊）、「つまずきをなくす算数・全分野基礎からていねいに」シリーズ（全2冊）のほか、『自分から勉強する子の育て方』『勉強ができる子になる「1日10分」家庭の習慣』『中学受験の常識 ウソ？ホント？』（以上、実務教育出版）などがある。

執筆協力／辻義夫、前田昌宏（中学受験情報局　主任相談員）

追加問題や楽しい算数情報をお知らせする『西村則康算数くらぶ』のご案内はこちら ➡

装丁／小口翔平＋喜來詩織（tobufune）
本文デザイン・DTP／新田由起子（ムーブ）・草水美鶴
本文イラスト／近藤智子
制作協力／加藤彩

1日10分
小学1年生のさんすう練習帳

2016年3月31日　初版第1刷発行
2021年11月10日　初版第4刷発行

著　者　西村則康
発行者　小山隆之
発行所　株式会社 実務教育出版
163-8671　東京都新宿区新宿1-1-12
電話　03-3355-1812（編集）　03-3355-1951（販売）
振替　00160-0-78270

印刷／壮光舎印刷　　製本／東京美術紙工

ISBN978-4-7889-1163-5　C0037　Printed in Japan

けいさんカード
たしざん

1 + 1

1 + 2

1 + 3

1 + 4

1 + 5

1 + 6

1 + 7

1 + 8

1 + 9

1 + 10

1 + 11

1 + 12

1 + 13

1 + 14

2 + 1

2 + 2

2 + 3

2 + 4

2 + 5

2 + 6

2 + 7

2 + 8

2 + 9

こたえ 6	こたえ 13	こたえ 7	
こたえ 7	こたえ 14	こたえ 8	こたえ 2
こたえ 8	こたえ 15	こたえ 9	こたえ 3
こたえ 9	こたえ 3	こたえ 10	こたえ 4
こたえ 10	こたえ 4	こたえ 11	こたえ 5
こたえ 11	こたえ 5	こたえ 12	こたえ 6

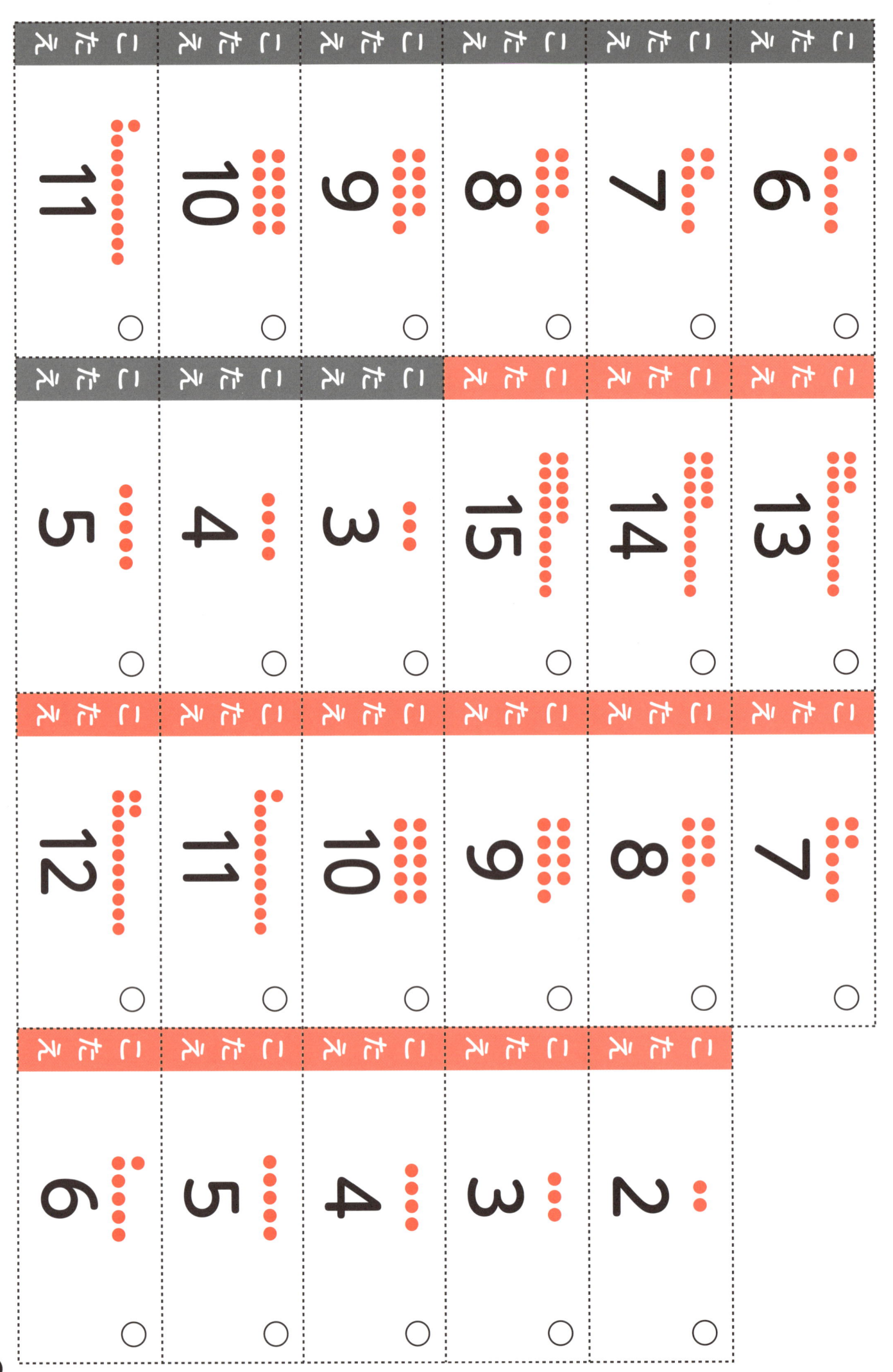

2 + 10	3 + 3	3 + 9	4 + 3
2 + 11	3 + 4	3 + 10	4 + 4
2 + 12	3 + 5	3 + 11	4 + 5
2 + 13	3 + 6	3 + 12	4 + 6
3 + 1	3 + 7	4 + 1	4 + 7
3 + 2	3 + 8	4 + 2	4 + 8

こたえ 7	こたえ 12	こたえ 6	こたえ 12
こたえ 8	こたえ 13	こたえ 7	こたえ 13
こたえ 9	こたえ 14	こたえ 8	こたえ 14
こたえ 10	こたえ 15	こたえ 9	こたえ 15
こたえ 11	こたえ 5	こたえ 10	こたえ 4
こたえ 12	こたえ 6	こたえ 11	こたえ 5

4 + 9	5 + 4	5 + 10	6 + 6
4 + 10	5 + 5	6 + 1	6 + 7
4 + 11	5 + 6	6 + 2	6 + 8
5 + 1	5 + 7	6 + 3	6 + 9
5 + 2	5 + 8	6 + 4	7 + 1
5 + 3	5 + 9	6 + 5	7 + 2

こたえ 12	こたえ 15	こたえ 9	こたえ 13
こたえ 13	こたえ 7	こたえ 10	こたえ 14
こたえ 14	こたえ 8	こたえ 11	こたえ 15
こたえ 15	こたえ 9	こたえ 12	こたえ 6
こたえ 8	こたえ 10	こたえ 13	こたえ 7
こたえ 9	こたえ 11	こたえ 14	こたえ 8

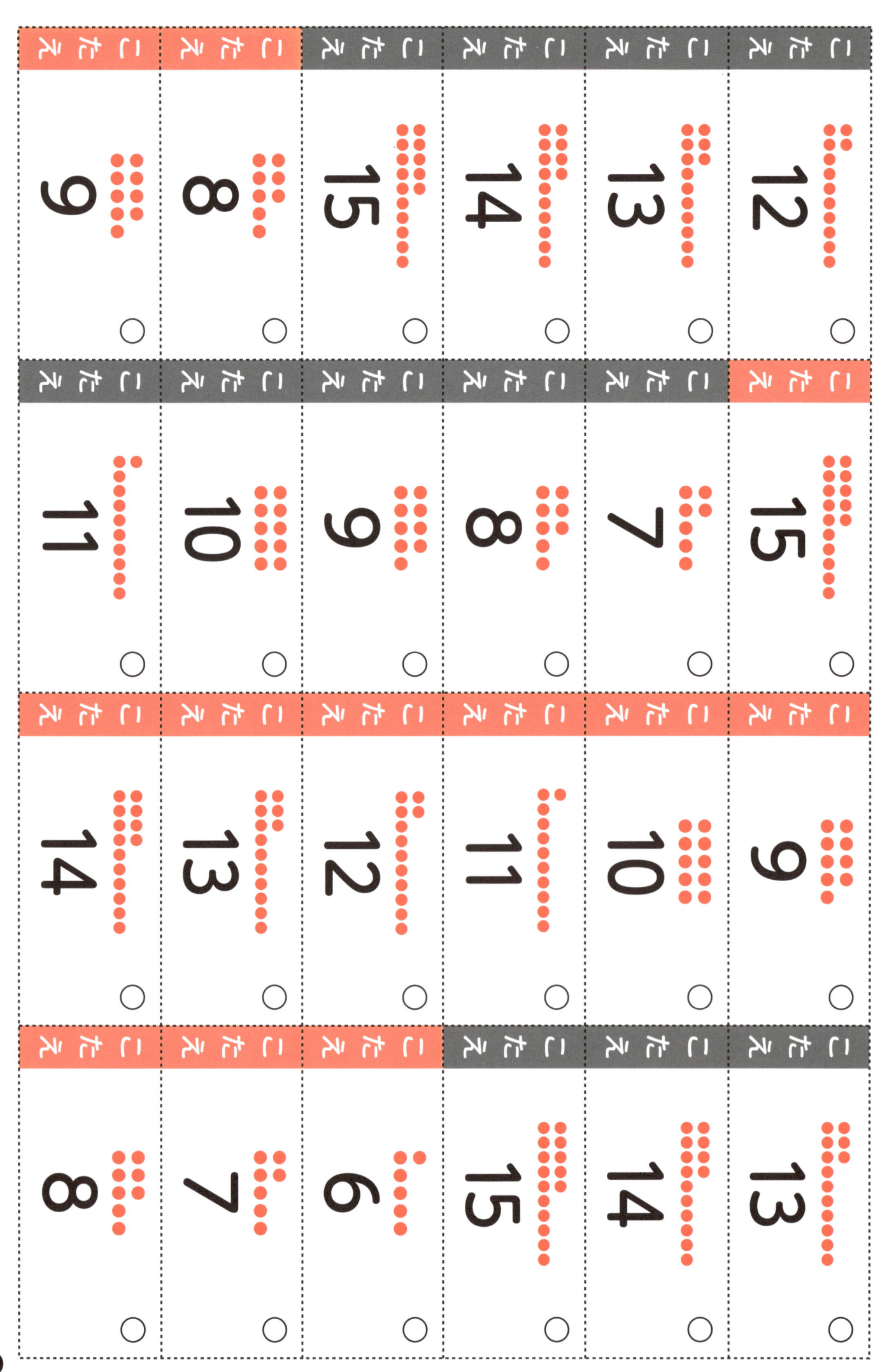

7 + 3	8 + 1	8 + 7	9 + 6
7 + 4	8 + 2	9 + 1	10 + 1
7 + 5	8 + 3	9 + 2	10 + 2
7 + 6	8 + 4	9 + 3	10 + 3
7 + 7	8 + 5	9 + 4	10 + 4
7 + 8	8 + 6	9 + 5	10 + 5

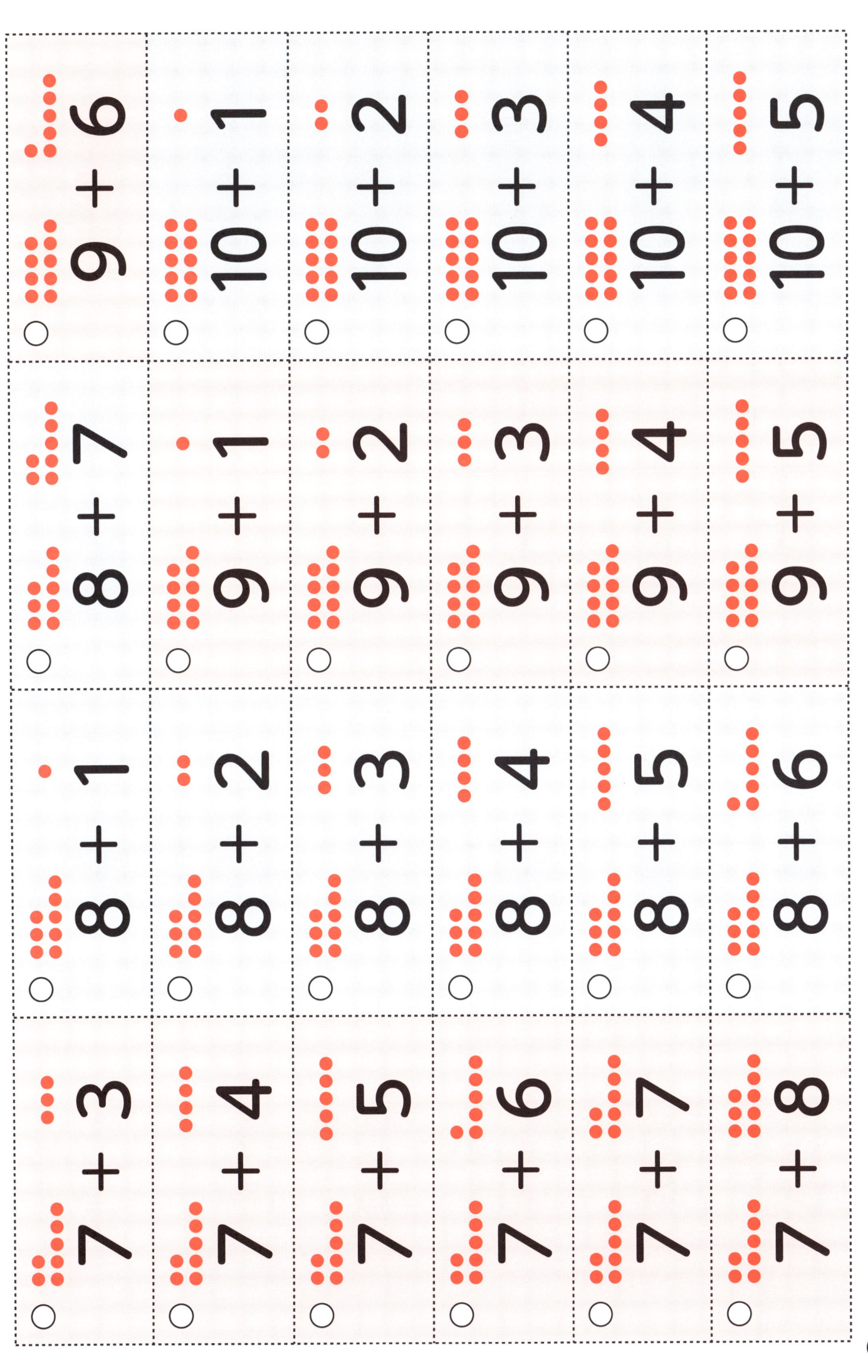

こたえ 15	こたえ 15	こたえ 9	こたえ 10
こたえ 11	こたえ 10	こたえ 10	こたえ 11
こたえ 12	こたえ 11	こたえ 11	こたえ 12
こたえ 13	こたえ 12	こたえ 12	こたえ 13
こたえ 14	こたえ 13	こたえ 13	こたえ 14
こたえ 15	こたえ 14	こたえ 14	こたえ 15

けいさんカード

ひきざん

1 − 1

2 − 1

2 − 2

3 − 1

3 − 2

3 − 3

4 − 1

4 − 2

4 − 3

4 − 4

5 − 1

5 − 2

5 − 3

5 − 4

5 − 5

6 − 1

6 − 2

6 − 3

6 − 4

6 − 5

6 − 6

7 − 1

7 − 2

こたえ 3	こたえ 3	こたえ 0	
こたえ 2	こたえ 2	こたえ 3	こたえ 0
こたえ 1	こたえ 1	こたえ 2	こたえ 1
こたえ 0	こたえ 0	こたえ 1	こたえ 0
こたえ 6	こたえ 5	こたえ 0	こたえ 2
こたえ 5	こたえ 4	こたえ 4	こたえ 1

7 − 3	8 − 2	8 − 8	9 − 6
7 − 4	8 − 3	9 − 1	9 − 7
7 − 5	8 − 4	9 − 2	9 − 8
7 − 6	8 − 5	9 − 3	9 − 9
7 − 7	8 − 6	9 − 4	10 − 1
8 − 1	8 − 7	9 − 5	10 − 2

こたえ 3	こたえ 0	こたえ 6	こたえ 4
こたえ 2	こたえ 8	こたえ 5	こたえ 3
こたえ 1	こたえ 7	こたえ 4	こたえ 2
こたえ 0	こたえ 6	こたえ 3	こたえ 1
こたえ 9	こたえ 5	こたえ 2	こたえ 0
こたえ 8	こたえ 4	こたえ 1	こたえ 7

10 − 3

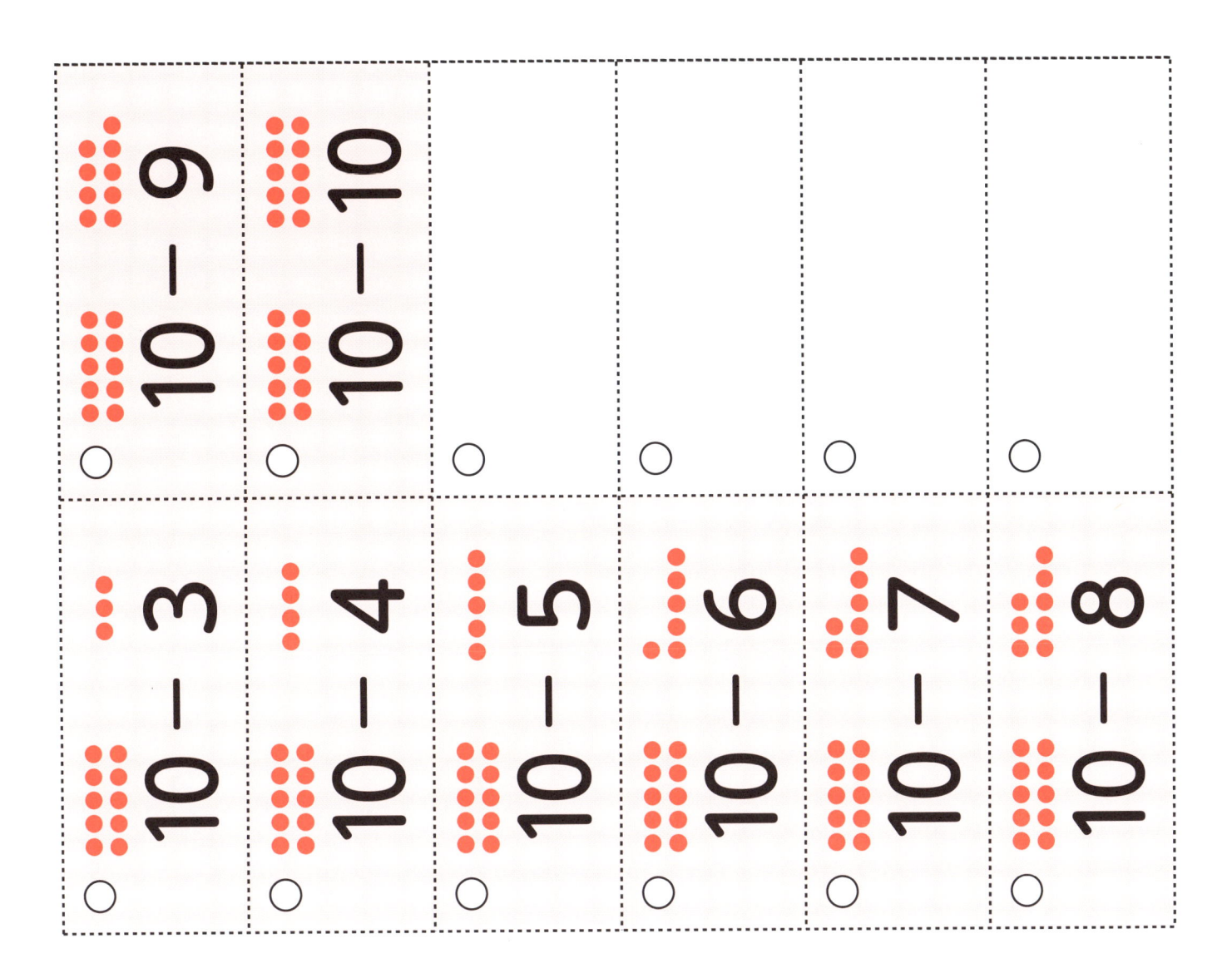

10 − 4

10 − 5

10 − 6

10 − 7

10 − 8

10 − 9

10 − 10

こたえ 1	こたえ 7
こたえ 0	こたえ 6
こたえ	こたえ 5
こたえ	こたえ 4
こたえ	こたえ 3
こたえ	こたえ 2

キリトリ

かぞえかたひょう　いろいろな かぞえかた

	1	2	3	4	5	6	7	8	9	10
子ども	ひとり	ふたり	さんにん	よにん	ごにん	ろくにん	ななにん	はちにん	きゅうにん	じゅうにん
くだもの	いっこ	にこ	さんこ	よんこ	ごこ	ろっこ	ななこ	はっこ	きゅうこ	じっこ（じゅっこ）
木	いっぽん	にほん	さんぼん	よんほん	ごほん	ろっぽん	ななほん	はっぽん	きゅうほん	じっぽん（じゅっぽん）
かみ	いちまい	にまい	さんまい	よんまい	ごまい	ろくまい	ななまい	はちまい	きゅうまい	じゅうまい
本	いっさつ	にさつ	さんさつ	よんさつ	ごさつ	ろくさつ	ななさつ	はっさつ	きゅうさつ	じっさつ（じゅっさつ）
小さいどうぶつ	いっぴき	にひき	さんびき	よんひき	ごひき	ろっぴき	ななひき	はちひき（はっぴき）	きゅうひき	じっぴき（じゅっぴき）
とり	いちわ	にわ	さんわ	よんわ	ごわ	ろくわ	ななわ	はちわ	きゅうわ	じゅうわ
とけい	いっぷん	にふん	さんぷん	よんふん	ごふん	ろっぷん	ななふん	はっぷん	きゅうふん	じっぷん（じゅっぷん）
大きいどうぶつ	いっとう	にとう	さんとう	よんとう	ごとう	ろくとう	ななとう	はっとう	きゅうとう	じっとう（じゅっとう）